Teubner Studienbücher

Informatik

Berstel: **Transductions and Context-Free Languages**
278 Seiten. DM 38,– (LAMM)

Beth: **Verfahren der schnellen Fourier-Transformation**
316 Seiten. DM 34,– (LAMM)

Bolch/Akyildiz: **Analyse von Rechensystemen**
Analytische Methoden zur Leistungsbewertung und Leistungsvorhersage
269 Seiten. DM 29,80

Dal Cin: **Fehlertolerante Systeme**
206 Seiten. DM 24,80 (LAMM)

Ehrig et al.: **Universal Theory of Automata**
A Categorical Approach. 240 Seiten. DM 24,80

Giloi: **Principles of Continuous System Simulation**
Analog, Digital and Hybrid Simulation in a Computer Science Perspective
172 Seiten. DM 25,80 (LAMM)

Kandzia/Langmaack: **Informatik: Programmierung**
234 Seiten. DM 24,80 (LAMM)

Kupka/Wilsing: **Dialogsprachen**
168 Seiten. DM 21,80 (LAMM)

Maurer: **Datenstrukturen und Programmierverfahren**
222 Seiten. DM 26,80 (LAMM)

Oberschelp/Wille: **Mathematischer Einführungskurs für Informatiker**
Diskrete Strukturen. 236 Seiten. DM 24,80 (LAMM)

Paul: **Komplexitätstheorie**
247 Seiten. DM 26,80 (LAMM)

Richter: **Betriebssysteme**
Eine Einführung. 152 Seiten. DM 25,80 (LAMM)

Richter: **Logikkalküle**
232 Seiten. DM 24,80 (LAMM)

Schlageter/Stucky: **Datenbanksysteme: Konzepte und Modelle**
2. Aufl. 368 Seiten. DM 32,– (LAMM)

Schnorr: **Rekursive Funktionen und ihre Komplexität**
191 Seiten. DM 25,80 (LAMM)

Spaniol: **Arithmetik in Rechenanlagen**
Logik und Entwurf. 208 Seiten. DM 24,80 (LAMM)

Vollmar: **Algorithmen in Zellularautomaten**
Eine Einführung. 192 Seiten. DM 23,80 (LAMM)

Weck: **Prinzipien und Realisierung von Betriebssystemen**
299 Seiten. DM 32,– (LAMM)

Wirth: **Compilerbau**
Eine Einführung. 3. Aufl. 117 Seiten. DM 17,80 (LAMM)

Wirth: **Systematisches Programmieren**
Eine Einführung. 4. Aufl. 160 Seiten. DM 22,80 (LAMM)

Preisänderungen vorbehalten

Jan Messerschmidt
Linguistische Datenverarbeitung
mit Comskee

Leitfäden und Monographien der Informatik

Herausgegeben von

Prof. Dr. Volker Claus, Dortmund
Prof. Dr. Günter Hotz, Saarbrücken
Prof. Dr. Peter Raulefs, Kaiserslautern
Prof. Dr. Klaus Waldschmidt, Frankfurt

Die Leitfäden und Monographien behandeln Themen aus der Theoretischen, Praktischen und Technischen Informatik entsprechend dem aktuellen Stand der Wissenschaft. Besonderer Wert wird auf eine systematische und fundierte Darstellung des jeweiligen Gebietes gelegt. Die Bücher dieser Reihe sind einerseits als Grundlage und Ergänzung zu Vorlesungen der Informatik und andererseits als Standardwerke für die selbständige Einarbeitung in umfassende Themenbereiche der Informatik konzipiert. Sie sprechen vorwiegend Studierende und Lehrende in Informatik-Studiengängen an Hochschulen an, dienen aber auch den in Wirtschaft, Industrie und Verwaltung tätigen Informatikern zur Fortbildung im Zuge der fortschreitenden Wissenschaft.

Linguistische Datenverarbeitung mit Comskee

Von Dr. rer. nat. Jan Messerschmidt
Sonderforschungsbereich 100
„Elektronische Sprachforschung“
Universität Saarbrücken

B. G. Teubner Stuttgart 1984

Dr. rer. nat. Jan Messerschmidt

Geboren am 20. 7. 1954 in Merzig/Saar. Von 1973 bis 1980 Studium der Informatik an der Universität des Saarlandes in Saarbrücken mit Abschluß als Dipl. Inform. im Jahre 1977 und Promotion im Jahre 1980. Seit 1977 beschäftigt in dem der Universität des Saarlandes angegliederten Sonderforschungsbereich „Elektronische Sprachforschung“.

Kurztitelaufnahme der Deutschen Bibliothek

Messerschmidt, Jan:
Linguistische Datenverarbeitung mit Comskee /
von Jan Messerschmidt. - Stuttgart: Teubner, 1984.
(Leitfäden und Monographien der Informatik)
ISBN 978-3-519-02252-7 ISBN 978-3-322-93084-2 (eBook)
DOI 10.1007/978-3-322-93084-2

Gesamtherstellung: Zechnersche Buchdruckerei GmbH, Speyer
Umschlaggestaltung: W. Koch, Sindelfingen

Zum Geleit

Die Deutsche Forschungsgemeinschaft fördert seit 1971 den Sonderforschungsbereich "Elektronische Sprachforschung". Gegenstand dieses Sonderforschungsbereichs sind Arbeiten, die durch das Bemühen einer automatischen Sprachübersetzung motiviert werden. An diesem Sonderforschungsbereich waren und sind zum größten Teil Arbeitsgruppen aus den Fachbereichen Anglistik, Germanistik, Romanistik, Nordistik, Angewandte Sprachwissenschaft und Informatik beteiligt. Das von mir seit 1971 geleitete Teilprojekt "Linguistisch orientierte Programmiersprache" entwickelt eine Programmierumgebung für die linguistische Programmierung und untersucht einschlägige Probleme auf theoretischer Basis. In intensiver Zusammenarbeit mit den linguistischen Arbeitsgruppen, wobei wir den Anwendern "auf's Maul schauten", entwickelten wir das System "Comskee", das in einer Programmiersprache besteht, die eine bequeme Wort- und Satzverarbeitung gestattet. Dies wird unter anderem erreicht durch die Verwendung der voll dynamischen Datentypen string, sentence und Wörterbuch und einer reichhaltigen Menge von zugehörigen Elementaroperationen und durch eine sehr benutzerfreundliche interaktive Schnittstelle.

Das erste Konzept für Comskee wurde von Bertsch, Hotz, Langmaack und Mueller-von Brochowski entworfen. Die Herren Bertsch, Breder, Neisius, Pink und Frau Mueller schrieben den ersten Interpreter, der es erlaubte, Comskee ab 1976 auf der TR4400 zu verwenden.

Der erste Voll-Compiler für die TR440 wurde von Frau Mueller und den Herren Auler, Breder, Mencher, Messerschmidt, Ries und Tammer geschrieben. Die praktische Erprobung führte zur Erweiterung des Konzeptes, von denen die wichtigste die Einführung des Wörterbuchmoduls war. Die verantwortlich Leitung für die Implementierungsarbeiten und die Entwicklung des Benutzerinterfaces gingen in dieser Zeit ganz auf Herrn Messerschmidt über. An der Weiterentwicklung des Systems waren zusätzlich die Herren Arz, Schütz und Kuske beteiligt. Die jüngsten Erweiterungen bestehen in der Einführung des Datentyps Satz, der Gegenstand der Diplomarbeit von Frau Pfeiffer ist, und einem von Herrn Messerschmidt entworfenen Modulkonzept (vgl. Anhang E).

Das jetzige System wurde in unserem Sonderforschungsbereich und auch durch Datenbankanwendungen bei der Saarbrücker Zeitung unter der Leitung von Herrn H. Werner ernsthaft erprobt.

Das System hat sich in zahlreichen Praktika bewährt, so daß es nun wohl reif ist, einer breiten Öffentlichkeit vorgestellt zu werden.

Die Teilprojekte der Kollegen Frau Sandig und Herrn Scheel haben den Mut gehabt, ihre Arbeiten schon in einer sehr frühen Phase auf Comskee zu stützen. Aus diesen Erfahrungen erwuchsen uns Kritik und Anregungen, die an der Entwicklung des heutigen Systems wesentlichen Anteil haben. Zu besonderem Dank sind wir hier Herrn Stegentritt verpflichtet.

Herr Messerschmidt hat das vorliegende Manskript in verschiedenen Vorlesungen und Praktika erprobt. Ich bin überzeugt, daß dieses Buch zur Verbreitung der grundlegenden Kenntnisse in der zukunftsreichen linguistischen Datenverarbeitung hervorragend beitragen kann.

Saarbrücken, im Frühjahr 1984 Günter Hotz

Vorwort

Dieses Buch soll einen schon lange bestehenden Mangel beenden, nämlich daß zu der Programmiersprache Comskee zwar ein "Report" vorliegt (siehe [COM 81] und seine Vorgänger [COM 76] und [COM 78]), dieser aber nicht geeignet ist, einen Neuling in die Materie des Programmierens und insbesondere in die linguistische Datenverarbeitung einzuführen.

Auch war ein "Manual" der besondere Wunsch der Gutachter unseres seit 1973 von der Deutschen Forschungsgemeinschaft geförderten Sonderforschungsbereichs, der sich insbesondere mit der automatischen Übersetzung natürlicher Sprachen, aber auch mit sonstiger rechnergestützter Linguistik befaßt.

An dieser Stelle ist es mir ein besonderes Anliegen, allen denjenigen zu danken, die mit Rat und tatkräftiger Unterstützung zu diesem Buch beigetragen haben. Besonders danke ich Herrn Prof. Dr. Günter Hotz. Auf seine Initiative hin entstand dieses Buch und seinen stimulierenden Einfluß hätte ich nicht missen mögen. Für wertvolle Anregungen bezüglich der didaktischen Gestaltung und eine ganze Reihe wichtiger Anmerkungen danke ich Herrn Prof. Dr. H.J. Schneider aus Erlangen, der als Gutachter in unserem Sonderforschungsbereich seit langem tätig ist. Herrn Prof. Dr. M. Nagl aus Osnabrück hat sehr zur Vollständigkeit und zur Verständlichkeit der Materie beigetragen. Auch danke ich ihm für die Vielzahl der Ergänzungen in Bezug auf den Sprachgebrauch.

Frau Angelika Mueller-v. Brochowski danke ich für die viele Arbeit des Redigierens und Korrekturlesens ebenso wie für den (natürlich in Comskee geschriebenen) Textformatierer, mit dem der Satz dieses Buches erstellt wurde, und dessen heute verfügbare Leistung das Produkt ihrer Anstrengungen ist. Auch gehen die in Kapitel 8 vorgestellten Algorithmen auf sie zurück, sie sind Bestandteil eines von ihr erarbeiteten Kurrikulums für unser Comskee-Praktikum.

Frl. Karin Glasen hat sich dankenswerter Weise der oft mühevollen Übertragung meines Manuskriptes unterzogen. Frl. Ursula Groh und Herr Harry Stutz haben mir sehr geholfen bei der Entwicklung des Systems für die Generierung der Syntaxdiagramme, die von Herrn Ralf Kipper vervollständigt wurden. Den vielen Korrekturlesern aus Kollegen-, Studenten- und Familienkreis möchte ich ein besonderes Dankeschön aussprechen. Schließlich möchte ich auch noch dem Teubner-Verlag für die angenehme Zusammenarbeit danken.

Saarbrücken, im Sommer 1984 — Jan Messerschmidt

Inhalt

I Einleitung

1.1 Zu diesem Buch

Dieses Buch ist dazu gedacht, einen ersten Einstieg in die Programmierung mit Comskee zu ermöglichen. Es soll aber auch demjenigen, der schon programmieren kann, als ein Nachschlagewerk dienen, in dem er sich über den Gebrauch der Programmiersprache Comskee informieren sowie neue Anregungen für bestimmte Anwendungen erhalten kann.

In dieses Buch flossen Erfahrungen aus zwei Vorlesungen (einem Comskee-Kurs und einer Einführung in die linguistische Programmierung) und einem Comskee-Praktikum ein, die alle an der Universität des Saarlandes abgehalten wurden. In diesen Veranstaltungen waren die Teilnehmer vorwiegend Linguisten, die hier einen ersten Einblick in die Programmierung erhalten haben. Sowohl um die Erfahrungen, die dort gemacht wurden, einem breiteren Publikum zugänglich zu machen, als auch um allen Benutzern und Interessenten an der Programmiersprache Comskee ein Nachschlagewerk in die Hand zu geben, wurde dieses Buch erstellt. Es möge zum einen der Verbreitung der Programmiersprache Comskee dienen und zum anderen soll es Linguisten und anderen Wissenschaftlern, die Computer benutzen wollen, um ihre Probleme zu lösen, ein Leitfaden in der Hand sein, wie sie dies am besten und einfachsten tun können.

1.2 Zielstellung der Programmiersprache Comskee

Bei der Frage, wozu Comskee entworfen wurde, ist zuerst die Frage zu klären, warum man sich beim Umgang mit Rechnern überhaupt einer Programmiersprache bedient. Für jede Kommunikation brauchen wir Sprache. Sei sie gesprochen, geschrieben oder sonstwie übermittelt. Dies gilt sowohl für die Kommunikation unter Menschen, wie auch für die zwischen Mensch und Maschine. Und für den Umgang mit so technischen Gebilden, wie es Computer nun einmal sind, wurden die verschiedenartigsten, mehr oder weniger abstrakten Programmiersprachen entwickelt.

Hier gibt es zum einen die "Muttersprache" des Computers, den Maschinencode. In diesem Code selbst wird heutzutage praktisch nicht mehr programmiert, wohl aber in einem nahem Verwandten, dem Assembler. Bedauerlicherweise hat jeder Rechner eine andere Muttersprache, und damit einen anderen Assembler, was die Portabilität (Übertragbarkeit) von Programmen, die in Assembler geschrieben sind, auf Maschinen der gleichen Rechnerfamilie beschränkt. Ein anderer Nachteil dieser Assembler ist es, daß sie sehr wenig Rücksicht auf den Gesprächspartner Mensch nehmen. In dieser Sprache muß man (als programmierender Mensch) der Maschine schon sehr detailliert und umständlich sagen, was man von ihr will. So läßt sie auch kaum Abstraktion zu, die der Denkungsart des Menschen irgendwelche Unterstützung bieten würde.

Erste Ansätze in Richtung größerer Abstraktion wurden Ende der 50er, Anfang der 60er Jahre mit der Einführung von sogenannten höheren Programmiersprachen gemacht. Hier sind besonders zu erwähnen: ALGOL, FORTRAN und COBOL. Schon bei diesen frühen Sprachen wurde die Idee verwirklicht, daß man höhere Programmiersprachen für spezielle Aufgabengebiete konzipieren sollte. So sind die beiden erstgenannten Programmiersprachen auf die Belange von naturwissenschaftlichen Berechnungen abgestimmt, während COBOL für die Anwendung in der Wirtschaft (sogenannte kommerzielle Programmierung) konzipiert wurde. Die Spezialisierung hat Einfluß darauf, welche Art Aufgaben sich in einer Programmiersprache einfach und prägnant formulieren lassen, und welche Art von Daten- und Programmablaufabstraktion unterstützt wird. Es ist also nicht etwa so, daß sich ein Programm zur Lohnbuchhaltung nicht in ALGOL formulieren ließe, nur in COBOL geht es eben einfacher und bequemer für den Programmierer, während man sich für die Berechnung einer numerischen Integration viel einfacher tut, wenn man in ALGOL programmiert.

Im Laufe der Zeit sind noch eine ganze Reihe von höheren Programmiersprachen dazugekommen. Und zwar gab es sowohl Ansätze zu Universalsprachen, (so ist z.B. PL/1 eine Mischung aus ALGOL60, FORTRAN und COBOL, oder ALGOL68 eine Formalisierung und Universalisierung von ALGOL60), wie auch in den unterschiedlichsten Anwendungsbereichen Spezialsprachen (z.B. LISP, die in der "Künstlichen Intelligenz" gern benutzt wird, oder MUMPS, eine BASIC-ähnliche Sprache für Mediziner). Ein Überblick über verschiedene problemorientierte Programmiersprachen wird in [Sch 81] gegeben.

Eine solche Spezialsprache stellt auch Comskee dar. Der Name leitet sich ab aus "COMputing and String KEEping language" und ist in Anlehnung an den Namen des berühmten Mathematikers und Linguisten Noam Chomsky gebildet, der sich als Wegbereiter der linguistischen Datenverarbeitung große Verdienste erworben hat.

Mit der Programmiersprache Comskee wird also ihrem Benutzer ein Kommunikationsmittel zur Arbeit mit der Rechenmaschine in die Hand gegeben, mit dem sich besonders leicht und elegant Aufgaben aus dem Bereich der linguistischen und textorientierten Datenverarbeitung programmieren lassen. Bei dem Entwurf der Sprache wurde auf verschiedene Kriterien Rücksicht genommen. So sollte Comskee:

- universell sein,
- leicht und einfach programmierbar sein,
- leicht erlernbar sein und das Programmieren "lesbarer" Programme fördern,
- Daten- und Programmstrukturen unterstützen, die in der linguistischen und textverarbeitenden Datenverarbeitung besonders häufig sind,
- es sollte aber auch effiziente Programmierung begünstigen, so daß sich Comskee-Programme überstzen lassen in "schnelle" Programme (Programme, die eine kurze Ausführungszeit besitzen)

Es muß hier ganz deutlich darauf hingewiesen werden, daß es sich bei Comskee um eine kompakte Spezialsprache handelt, die nicht dazu gedacht ist, alle auftretenden Programmierprobleme in den unterschiedlichsten Anwendungsgebieten zu lösen. Nur mit dieser Einschränkung ist der Begriff der Universalität zu verstehen. In diesem Sinne sind dann auch eine ganze Reihe von Einschränkungen der Sprache gegenüber so manchen anderen Programmiersprachen oder gegenüber Konstruktionen, die sonst noch denkbar wären, zu verstehen. Jedoch hat sich herausgestellt (nicht nur bei der Verwendung von Comskee), daß solche Einschränkungen durchaus positive Aspekte haben ("Small is beautyfull").

1.3 Benutzung des Rechners

Wie schon erwähnt muß man, um sich der Möglichkeiten eines Computers bedienen zu können, in der Lage sein, dem Rechner mitzuteilen, was er tun soll. Es wurde auch schon gesagt, daß man sich dazu bestimmter sog. formaler Sprachen [*1] bedient, die dann Programmiersprachen heißen. In unserem Falle heißt die Programmiersprache "Comskee".

Was tut nun ein Rechner mit einem Comskee-Programm? Es handelt sich bei

*1: Im Unterschied zu natürlichen Sprachen wie etwa Deutsch oder Englisch

Comskee nicht um die Muttersprache des Rechners (das hat Comskee mit (fast) allen höheren Programmiersprachen gemein [*1]) und also muß man ihm dieses Comskee-Programm erst einmal in seine Muttersprache übersetzen. Diese Übersetzung geht aber nun maschinell und automatisch. Es gibt nämlich auf unserem Rechner ein ausführbares Programm, das aus dem Comskee-Programmtext, der ja a priori lediglich eine Ansammlung von Buchstaben und Zeichen darstellt, ein äquivalentes Stück Programm in der Muttersprache des Rechners (dem Maschinencode) macht. Man kann bei diesem Vorgang 2 Stufen unterscheiden:

- die Compilation, das ist die eigentliche Übersetzung und
- die Montage (Bindevorgang oder engl. Linkage), hier wird ein übersetztes, also im Maschinencode vorliegendes Comskee-Programm zu einem ausführbaren Programm zusammengebunden. So werden z.B. Standard-Programmeröffnungen, Fehlerbehandlungen, Endebehandlungen und Unterprogramme für komplexere Operationen "anmontiert", so daß diese Stücke nur einmal im ausführbaren Programm vorhanden sein müssen und lediglich von den verschiedensten Stellen aus aufgerufen werden können.

Nach dieser Übersetzung und dem Bindevorgang liegt also ein startbares und ausführbares Programm vor, das beliebig oft gestartet und ausgeführt werden kann. Der Rechner, der dieses Programm ausführt, tut jetzt genau das, was in dem zugrundliegenden Comskee-Quell-Programm an Anweisungen enthalten war.
Wir müssen also genau unterscheiden, zwischen:

- dem Programmtext und
- dem durch Übersetzung und Montage daraus gewonnenen ausführbaren Programm.

Eine Änderung im Programmtext hat ohne Neuübersetzung natürlich keinen Einfluß auf den Operator (das startbare Programm).

1.4 Aufbau eines Comskee-Programmes

Ein Comskee-Programm besteht - auf unterster Ebene, oberhalb der einzel-

---

*1: Für einzelne höhere Programmiersprachen gibt es spezielle Maschinen, die nur diese Sprache verstehen (z.B. LISP-Maschine)

nen Zeichen - aus einer Reihe von

> Wortsymbolen (reservierte Wörter)
> Identifikatoren (Namen für Variablen und andere Programm-Größen)
> Konstanten
> Kommentaren (Hinweise für den menschlichen Leser des Programms)
> Sonderzeichen (wie z.B. + oder *) und
> Sonderzeichenkombinationen (z.B. := oder **).

Die Aufgabe des Programmierers (des Comskee-Anwenders) ist es, diese Symbole und Zeichenreihen so anzulegen, daß daraus ein "richtiges" Comskee-Programm entsteht, das eine Ablaufvorschrift enthält, die den Rechner anweist, das zu tun, was der Programmierer sich vorgestellt hat. Hierbei ist hervorzuheben, daß es sich bei Comskee um eine imperative (anweisungsorientierte) Programmiersprache handelt (wie bei einem Großteil der Programmiersprachen). D.h. man gibt Anweisungen an den Rechner von der Form (z.B.)

```
Tue zuerst das
und dann das
und wenn das so ist,
            dann tue das
            anderenfalls tue das
und dann tue - solange jene Bedingung
             erfüllt ist - das
usw.
```

Man muß dazu sagen, daß ein Rechner von Hause aus sehr "dumm" ist. Man muß ihm im Prinzip bei jeder Kleinigkeit genau vorschreiben, wie er sie auszuführen hat. Er ist zu keinerlei Analogieschlüssen fähig - es sei denn, man schreibt ein Programm, das dies kann und "läßt es laufen". Aber auf der Ebene, auf der wir uns mit dem Rechner befassen, hat er diese Intelligenz noch nicht - sie würde auch nur stören, nämlich überflüssige Rechenzeit kosten. Denn das ist gerade die Stärke eines Computers, daß er seine Arbeit in kürzest möglicher Zeit verrichtet - immer ganz genau getreu den Anweisungen, die ihm der Programmierer gegeben hat - und daß er dies tut, ohne nach links und rechts zu gucken und ohne über sich selbst nachzudenken. Nur dadurch kann er so schnell sein, wie er ist und somit die Fähigkeiten des Menschen ergänzen, indem er im Prinzip langweilige und stupide Arbeit mit unheimlicher Schnelligkeit und Exaktheit ausführt.

Mit anderen Worten ausgedrückt heißt das, daß der Rechner nichts tun kann, was sein Benutzer nicht prinzipiell und wenn er lange genug leben würde, auch tun könnte, er kann es nur u.U. sehr viel schneller - und er kann sich exakter an seine Anweisungen halten. Wenn dann hinterher doch irgendwelcher Unsinn herauskommt, dann liegt das i.a. nicht am Computer, denn der weiß nicht, was er tut, sondern an dem Menschen, der ihn - in diesem Falle falsch - programmiert hat.

Höhere Programmiersprachen sind eine Möglichkeit, sich eines höheren Abstraktionsniveaus beim Erstellen von Programmen zu bedienen. Wenn also die Befehle, die man einem Computer in dessen Muttersprache, dem Assembler, geben kann, allerunterstes Niveau sind (davon, daß diese Befehle innerhalb der Maschine nochmal aufgegliedert werden und durch Schaltungen und sogenannte Mikroprogramme realisiert werden, wollen wir hier nicht reden), so geben höhere Programmiersprachen dem Benutzer die Möglichkeit Datentypen und zugehörige Operationen zu verwenden, die der Rechner a priori nicht kennt.

So gibt es von Hause aus im Rechner z.B. keine dynamischen Strings (Zeichenkettenreihen beliebig variabler Größe), wohl aber gibt es diesen Datentyp in Comskee. Man kann also dem Rechner in einem Comskee-Programm sagen, daß er an irgendeiner Stelle im Programm zwei Strings mit dem Namen X und Y miteinander verketten soll und das Ergebnis einem String namens Z zuweisen soll. Dieser Vorgang wird dem Rechner im Rahmen des Programms mitgeteilt, in Form des folgenden Ausdrucks:

Z:=X+Y (lies: "Z ergibt sich aus X plus Y")

Man muß ihm dazu aber auch schon mitgeteilt haben, daß es sich bei X, Y und Z um Namen von String-Variablen (= Größen mit veränderlichem Wert vom Typ string) handelt. Sonst könnte er nicht wissen, ob nicht mit dem + z.B. eine numerische Addition gemeint ist. [*1]

Daß mit dieser relativ niedrigen Abstraktion schon eine ungeheure Hilfe für den Programmierer verbunden ist, erkennt man an folgendem: Diese Verkettung von Strings [*2] erfordert innerhalb der Maschine das Durch-

---

*1: Diese Zusammenhänge zu beachten und zu verarbeiten ist eine der Hauptaufgaben des Comskee-Übersetzers

*2: das ist das Hintereinanderschreiben von Zeichenreihen, auch Konkatenation genannt. Man kann statt des "+" auch "cat" schreiben, damit

laufen von hunderten, evtl. sogar tausenden von Befehlen. Aber diese eine Befehlssequenz mußte sich nur der Implementierer von Comskee (genauer: der Programmierer des sog. "Laufzeitsystems") überlegen, ein Comskee-Benutzer braucht nur die 6 Zeichen - wie oben erwähnt - hinzuschreiben.

1.5 Ein erstes Beispiel-Programm

Um uns einen ersten Eindruck davon zu verschaffen, wie ein Comskee-Programm aussieht, wollen wir ein einfaches Programm angeben, in dem schon eine Reihe von Konstrukten verwandt wird, die erst in den nachfolgenden Kapiteln behandelt werden. Es besteht also an dieser Stelle nicht die Absicht, daß das Programm voll verstanden wird, es soll lediglich dazu dienen, einen (optischen) Eindruck vom Aussehen eines Programms zu verschaffen (die Zeilennummern am Ende jeder Zeile gehören nicht zum Programm).

```
(1)  Bsp : begin
(2)    string S;
(3)    loop
(4)      read S;
(5)      write 'Der eingelesene String lautet: ' cat S;
(6)      if S = <-S then
(7)        write 'Er erfuellt bereits die Palindromeigenschaft';
(8)      else
(9)        S := S(1:#S-1) cat <-S;
(10)       write 'Als Palindrom lautet er: ' cat S;
(11)     fi;
(12)   pool until S='E';
(13) end
```

<u>Beschreibung des Programmes</u>

Das Programm liest in einer Schleife, d.h. in einer mehrfach durchlaufenen Anweisungsfolge, string-Werte ein, gibt sie aus, untersucht sie auf Palindrom-Eigenschaft (d.h, rückwärts und vorwärts gelesen ist der String gleich, wie z.B. ANNA oder REGEN-NEGER, oder aber auch jeder 0- oder 1-buchstabige String). Ist sie nicht erfüllt, so wird der String mit seinem Spiegelbild verkettet und ausgegeben. Die Anweisungen in Zeile 4 bis Zeile 11 werden wiederholt, in den Zeilen 3 und 12 stehen die Begrenzer einer Wiederholungsschleife, nämlich loop und pool. Beendet wird die

Abarbeitung der Schleife, wenn die Eingabe aus einem großen E bestand, was durch die until-Konstruktion nach dem pool ausgedrückt wird. In Zeile 6 wird abgefragt, ob der durch die read-Anweisung in Zeile 5 eingelesene String mit sich selbst, rückwärts gelesen (<-S), übereinstimmt. Ist das der Fall, so wird die Anweisung in Zeile 7 ausgeführt, und der dort angegebene Text ausgegeben. Im anderen Fall werden die Anweisungen in den Zeilen 9 und 10 ausgeführt, d.h. der Anfangsstring bis zum vorletzten Buchstaben von S (#S ist ein Ausdruck, der die Länge des eingelesenen Strings berechnet) wird mit dem Spiegelbild von S konkateniert und wieder der string-Variablen S zugewiesen. Dieser Wert wird dann, zuasammen mit dem dort angegebenen Text, in Zeile 10 ausgegeben. Die Konstrukte in Zeile 1 und 13 dienen zur Markierung von Beginn und Ende des Programms und zur Identifizierung (Name des Programms ist Bsp). In Zeile 2 steht eine Deklaration, wobei für dieses Programm festgelegt wird, daß unter dem Namen S eine einfache string-Variable zu verstehen ist.

II Die Basis-Komponenten eines Comskee-Programms

2.1 Literal-Konstanten

In Comskee werden drei Arten von Konstanten (Elementar-Konstanten) unterschieden: [*1]

- Stringkonstanten für Zeichenketten
- Numberkonstanten für Zahlen und
- Bitskonstanten für Werte vom Typ Bit-Liste.

2.1.1 Stringkonstanten

Stringkonstanten repräsentieren jeweils eine feste Zeichenreihe. Eine solche Konstante wird begrenzt (vorne und hinten) durch je einen Apostroph. So repräsentiert z.B.

```
'abc'
```

einen String der Länge 3, dessen erstes Zeichen ein kleines a, das zweite ein kleines b und dessen drittes und letztes Zeichen ein kleines c ist. Die Konstruktion

```
'Dies ist eine Stringkonstante'
```

repräsentiert eine weitere Stringkonstante, diesmal der Länge 29.

Um einen Apostroph in einer Stringkonstante in einem Comskee-Programm darzustellen, muß man 2 Apostrophe hinschreiben. So repräsentiert

```
'''a''''B'''
```

einen konstanten String der Länge 6, dessen 1., 3., 4. und 6. Zeichen ein Apostroph ist und dessen 2. Zeichen ein kleines a und dessen 5. Zeichen ein großes B ist.

---

*1: In Comskee sind alle Konstanten Literal-Konstanten, es gibt - im Gegensatz zu etwa Pascal - keine benannten Konstanten. Deshalb wird im folgenden auch nur von Konstanten gesprochen

Das folgende ist keine Stringkonstante:

'A'''B'''C'

da die Apostrophe innerhalb der Darstellung nicht paarig vorkommen. Abgesehen von dieser Einschränkung ist aber jede Zeichenreihe, die mit einem Apostroph anfängt und aufhört, eine Stringkonstante. [*1]

2.1.2 Numberkonstanten

Zahlkonstanten oder Numberkonstanten repräsentieren eine (beliebige, nicht negative, reelle) Zahl, die im Rahmen der Maschinengenauigkeit (etwa 10 signifikante Ziffern) und des auf dem Rechner verfügbaren Zahlenbereiches dargestellt werden können. Normalerweise werden ganze Zahlen benutzt. Sie werden auch in einem Programm so dargestellt, wie man das gewohnt ist.

So repräsentiert z.B.

16

die Zahl 16, nicht zu verwechseln mit der Stringkonstanten

'16',

die die Zeichenkette, die aus den Zeichen 1 und 6 gebildet wird, repräsentiert.

Um gut mit Zahlen rechnen zu können, werden Zahlen im Computer völlig anders dargestellt als Strings. Insofern muß der Computer beim Übersetzen eines Comskee-Programms alle Numberkonstanten von der externen Form in die maschinenspezifische interne Form umkodieren.

Gebrochene Zahlen werden mit Dezimalpunkt geschrieben, wobei aber immer noch jede Zahl mit einer Ziffer beginnen muß. Als Beispiel stellt 3.14159 die Zahl Pi auf 6 Stellen genau dar. Um auch sehr große oder sehr kleine Zahlen in kompakter Form darstellen zu können, gibt es die sogenannte Exponentenschreibweise. So stellt

1E12

*1: So darf eine Comskee-Stringkonstante auch über mehrere Zeilen im Programmtext gehen (die Benutzung dieser Möglichkeit wird aber nicht empfohlen). In diesem Fall wird der Zeilenwechsel ignoriert, d.h. er liefert kein Zeichen zu der Stringkonstante.

die Zahl 1 000 000 000 000 (1 Billion) dar [*1]
oder 3.14E12
die Zahl 3 140 000 000 000.

Allgemein hat eine Zahlkonstante folgende Form:

> Zuerst kommen einige Ziffern (mindestens eine), die Vorkommastellen, dann kann entweder Schluß sein (falls es sich um eine ganze Zahl handelt), oder aber es kommt noch etwas: zuerst fakultativ ein Nachkommateil [*2] . Dieser hat folgende Gestalt: erst ein Punkt (kein Komma, sondern der Dezimalpunkt) und dann einige Ziffern (mindestens eine). Hinter dem Nachkommateil kann schon wieder Schluß sein, oder aber es kommt noch ein Exponententeil: Dieser wird eingeleitet mit einem E, dann kann ein Vorzeichen (+ oder -) kommen und danach wieder einige Ziffern (mindestens eine).

Dies war die prosaische (in Sätzen der deutschen Sprache), aber weitgehend exakte - und deshalb relativ umfangreiche - Definition der Syntax (d.h. des allgemeinen Aufbaus) einer Zahlkonstanten. Die Syntax einer Zahlkonstanten gehört dabei noch zu den einfacheren Gebilden, wir werden uns im Laufe dieses Buches noch mit weit komplizierteren syntaktischen Gebilden befassen müssen.

Um uns dann aber leichter verständlich zu machen, benutzen wir den Formalismus der Syntaxdiagramme. Damit können wir Syntaxgebilde in exakter und zugleich überschaubarer Form darstellen. Wir geben dazu den Syntaxgebilden Namen und fassen unter diesen Namen alles zusammen, was ihrer Syntaxvorschrift genügt. Um die Namen (sprachlich) von dem, was dahintersteht, d.h. für was sie stehen sollen, besser abgrenzen zu können, benutzen wir für die Namen englische Wörter oder Akronyme. So nennen wir ein solches Syntaxgebilde, das oben schon vorkam (nämlich die Ziffer) "digit" und wollen damit ausdrücken, daß "digit" für eine beliebige Ziffer steht. Hierbei ist weiterhin wichtig, daß bei jedem Vorkommen von "digit" in einem solchen Syntaxdiagramm "digit" für eine andere Ziffer stehen kann.

Für eine Zahlkonstante wählen wir den Namen numberconst und dieser Name

---

*1: E12 meint "mal 10 hoch 12"
*2: fakultativ heißt hier, daß er auch fehlen kann

kann für beliebige Gebilde, die der oben angegebenen Definition genügen, stehen.

Als Syntaxdiagramm sieht diese Definition jetzt folgendermaßen aus:

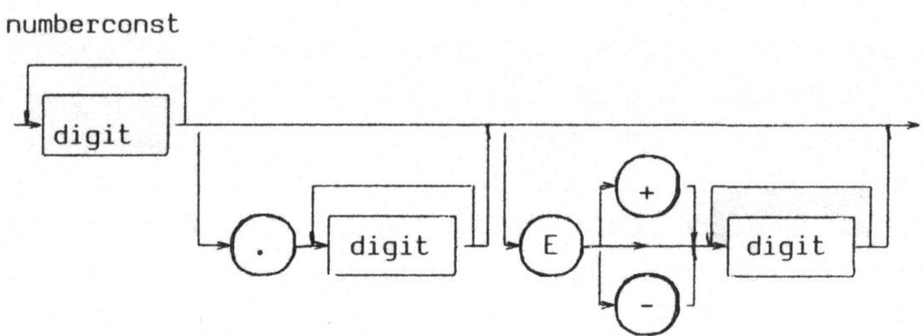

[*1]

und das Syntaxdiagramm für digit ist das folgende:

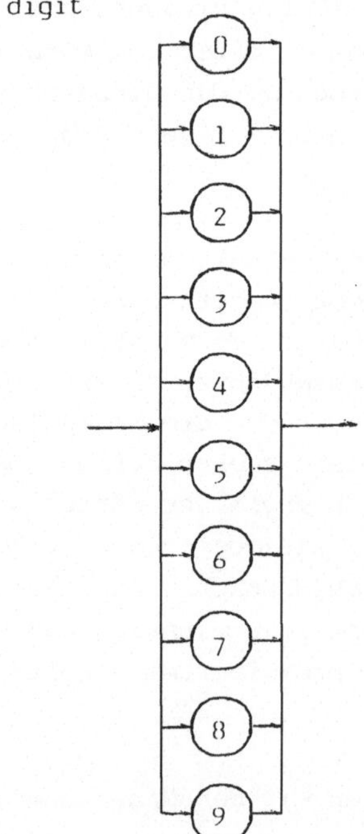

*1: Es sei hier auf einen Mangel der Syntaxdiagramme hingewiesen, nämlich daß Längenbeschränkungen hiermit i.a. nicht ausgedrückt werden. Nach diesem Syntaxdiagramm ist es z.B. möglich, eine Numberkonstante beliebig groß zu machen, was natürlich die Bereichsgrenzen für Number-Werte verletzen würde

Ein Syntaxdiagramm besteht also aus einem Namen (hier numberconst oder digit), den wir oben links hinschreiben. Des weiteren aus runden und eckigen Kästchen, die mit Pfeilen miteinander verbunden sind. In den eckigen Kästchen stehen die Namen von anderen (oder auch dem gleichen) Syntaxdiagrammen, in den runden Kästchen irgendwelche Zeichen. Wenn wir nun feststellen wollen, ob ein bestimmtes Gebilde einem bestimmten Syntaxdiagramm genügt, müssen wir überprüfen, ob es in diesem Syntaxdiagramm einen Weg längs der Pfeile gibt, so daß beim Durchlaufen der Kästchen das aktuelle Zeichen (evtl. auch mehrere), das wir beim Durchlaufen der zu überprüfenden Zeichenreihe unter dem Finger haben, auch dem Inhalt des Kästchens genügt. Ist es ein rundes Kästchen, so muß der Inhalt genau übereinstimmen, ist es ein eckiges, so muß die Zeichenfolge unter unserem Finger dem Syntaxdiagramm, das den Namen im Kästchen trägt, genügen. Dieser Vorgang kann sich beliebig tief schachteln. Hier in unserem Fall kommen wir glücklicherweise nur auf die Stufe 2 [*1] herunter, so daß sich die Suche noch einigermaßen überschauen läßt.

---

*1: Stufe 2 bedeutet, daß wir innerhalb des dominierenden Syntaxdiagramms noch ein weiteres benutzen, das seinerseits aber kein anderes mehr ins Spiel bringt.

Ein Beispiel:

Wir stellen fest, daß gerade die Ziffern 0...9 dem Syntaxdiagramm für digit genügen. Wir können nun z.B. nachvollziehen, daß

3.14E12

dem Syntaxdiagramm genügt. Wir erhalten dabei folgenden Durchlauf:

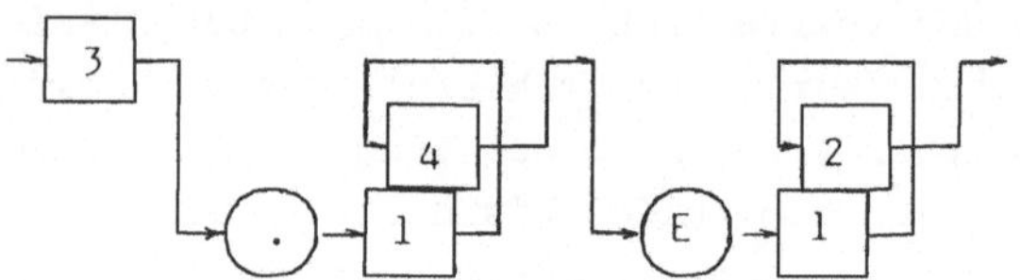

Dabei sind in die eckigen Kästchen schon immer die Zeichen eingetragen, die das Syntaxdiagramm (hier das für "digit") an dieser Stelle erfüllen.

Nun ein paar Beispiele für "falsche" Zahlkonstanten, d.h. Zeichenreihen, die unserem Syntaxdiagramm nicht genügen.

.175	fängt nicht mit einer Ziffer an
2,15	Komma ist nicht erlaubt
1 000 000	Blank (Leerzeichen) in Zahlkonstanten nicht erlaubt
1,000,000.00	dito Komma
3.	Auf den Dezimalpunkt muß eine Ziffer folgen

2.1.3 Bitskonstanten

Als letzten elementaren Konstantentyp gibt es in Comskee noch die Bitskonstanten. Bei einem Bit handelt es sich um die kleinste logische Informationseinheit [*1] . Ein solches Bit kann genau 2 Zustände annehmen: "Wahr" oder "Falsch" [*2] . Man kann sie auch "0" oder "1" nennen, oder (wie bei einfachen Schaltern) "ein" oder "aus" . Für unsere Zwecke bemühen wir wieder die englische Sprache und nennen die Werte "T" (für

*1: Von Konrad Zuse, dem Erfinder des ersten "Computers", stammt das Zitat: "Am Anfang war das Bit".

*2: Dies ist sprachlich nicht korrekt, "falsch" ist eigentlich falsch und müßte "unwahr" heißen. Die Bezeichnung "falsch" hat sich aber in den Sprachgebrauch eingebürgert und wird deshalb auch hier übernommen.

"true") und "F" (für "false") [*1] . Dies sind denn auch schon unsere elementaren Bitskonstanten.

Nun gibt es in Comskee nicht einzelne Bits, sondern sogenannte Bitlisten: Diese haben - und das ist ein Zugeständnis an die Internstruktur einer weitverbreiteten Klasse von Computern - die feste Länge 32. Der Typ dieser Bitlisten heißt in Comskee "bits" . Da die einzelnen Bits eines solchen bits-Wertes nur die Werte 0 oder 1 , bzw. "T" oder "F" annehmen können, schreibt man für Konstanten des Typs bits eine 32-Zeichen-lange Liste von T's (für true) oder F's (für false). Oft interessiert einen aber nur das erste Bit einer solchen Liste, oder nur die ersten fünf. Dann schreibt man halt nur die, und die Bitkette wird dann vom Computer mit F's aufgefüllt. Um den Anfang und das Ende einer Bitskonstante zu markieren, schreibt man dorthin Gänsefüßchen. [*2]

In dem für die Zahlkonstanten eingeführten Formalismus sieht das folgendermaßen aus:

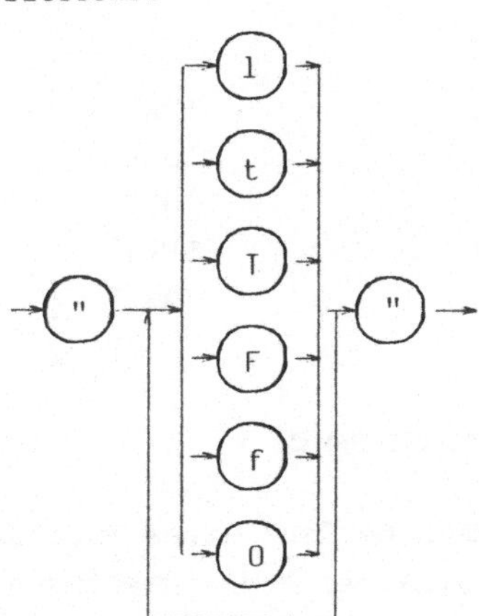

Statt T kann man auch t oder 1 schreiben, statt F auch f oder 0.

<u>Beispiele für Bitskonstanten:</u>

"T" hat den gleichen Wert wie "wahre" Aussagen in Comskee, z.B. 0=0 oder 'A'='A'

---

*1: Aber es kommt wirklich nicht auf die Namen an, sondern nur auf die Tatsache, daß damit genau zwei Zustände ausgedrückt werden können.

*2: Gänsefüßchen oder Doppelapostrophe: " und man unterscheide wohl zwischen einem Gänsefüßchen und zwei Apostrophen (" und '')

"F" hat den gleichen Wert wie "falsche" Aussagen, z.B. 0=1 oder 'A'='B'

"FTFF" hat den gleichen Wert wie "FT", da beide am Ende mit F's auf die Länge 32 identisch aufgefüllt werden.

Aufgaben [*1]

2.1 Man begründe, weshalb das folgende keine Konstanten in Comskee sind:

a) "FFWF"	d) 197.E3
b) " "	e) .125
c) 'Das War's'	f) -5

2.2 Repräsentieren die folgenden Paare von Comskee-Konstanten jeweils den gleichen Wert?

a)	"F"	"FFF"
b)	'ABC'	'abc'
c)	1E3	1000
d)	0.05	5E-3
e)	'AB'	'AB '

2.2 Bezeichner und Wortsymbole

Die Wortsymbole sind das "Gerüst" eines Programms. Mit ihnen wird ein wesentlicher Teil der Syntax des Programms festgelegt. Insbesondere die Ablaufstruktur wird durch die richtige Anordnung der Wortsymbole ausgedrückt. So ist z.B.

---

*1: Lösungen zu den Aufgaben im Anhang B

```
if ...
then
  .
  .
  .
else
  .
  .
  .
fi
```

die Ablaufsteuerung für die in 2 Alternativen getrennte Ausführung von Anweisungssequenzen. Sie wird - wie man hier sieht - im wesentlichen von den 4 Wortsymbolen if, then, else und fi bestimmt.

Weitere Konstruktionen dieser Art in Comskee werden später noch im Einzelnen behandelt. Nur soviel soll hier schon gesagt werden, daß diese Konstrukte einem Programm das Hauptgepräge, die Struktur geben. So ist es auch für den menschlichen Leser eines Programms wichtig, zuerst einmal die grobe syntaktische Struktur zu erkennen. Damit das auch der Compiler kann, gibt es diese reservierten Wortsymbole, die eine feste Bedeutung haben und nur an ganz bestimmten Stellen stehen können. Ansonsten sind Wortsymbole nichts anderes als Bezeichner (s.u.). Nur daß sie [*1] nicht zur Benamung irgendwelcher Comskee-Objekte verwendet werden dürfen. Zur einfacheren Unterscheidung für den Leser halten wir uns in diesem Buch an die Konvention, Wortsymbole in der Schreibweise von sonstigen Bezeichnern durch vollständige Kleinschreibung abzusetzen.

Ein "Bezeichner" oder engl. "Identifier" ist irgend eine Zeichenfolge, die mit einem Buchstaben anfängt und die ansonsten nur aus Buchstaben, Ziffern und den Spezialsymbolen Dollar-Zeichen und Unterstrich besteht. In unserer Syntaxdiagramm-Form sieht das folgendermaßen aus:

---

*1: Comskee kennt 73 Wortsymbole mit fester oder vordefinierter Bedeutung, eine vollständige Liste findet sich im Anhang C

letter

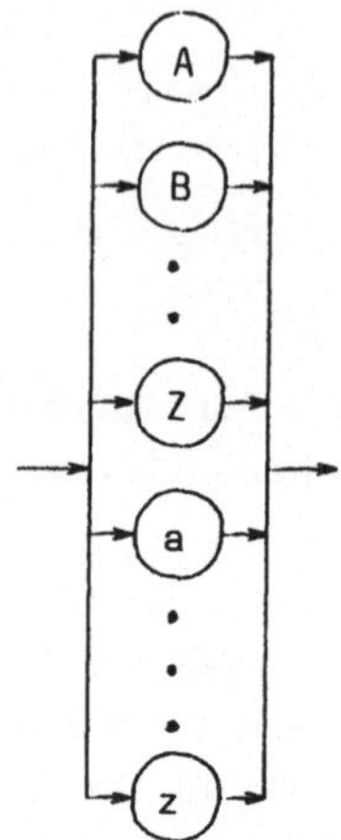

ident

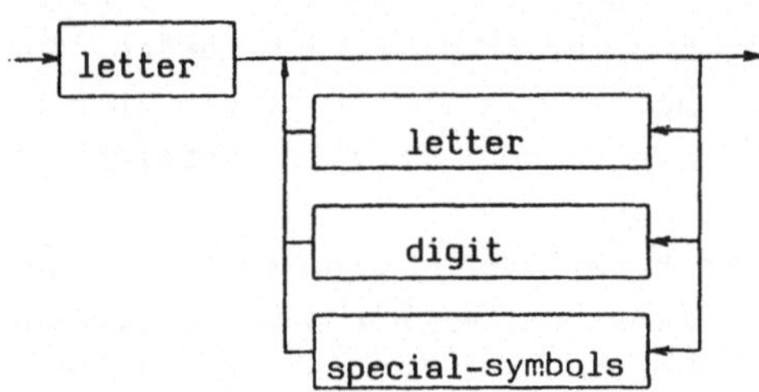

special-symbols

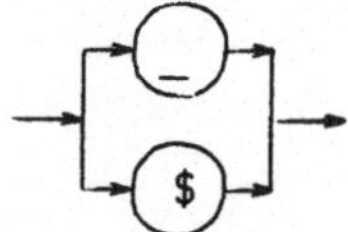

[*1]

*1: Innerhalb von Bezeichnern und Wortsymbolen wird nicht zwischen Groß- und Kleinschreibung unterschieden.

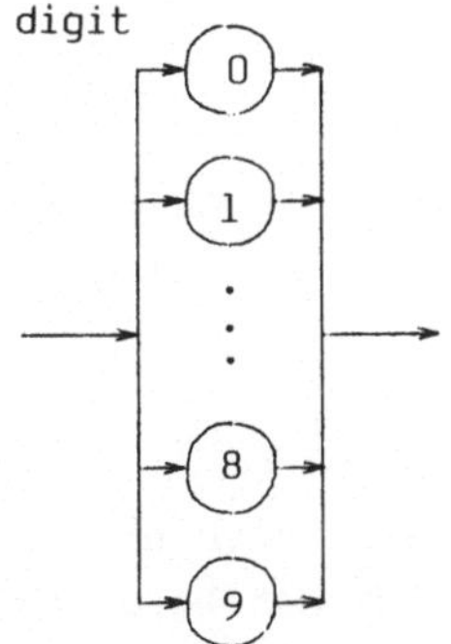

und digit wie schon gehabt

Die Ausnahmen - und das geht aus dem Syntaxdiagramm nicht hervor - bilden die Wortsymbole. Diese darf man - wie oben schon erwähnt - nicht als Bezeichner benutzen (s. Anhang C).

Beispiele für Bezeichner

I	MaxLaenge	
J	AnzahlDerVariablen	
Alpha	Anzahl_der_Variablen	[*1]
PI2	JohnSmith	
I3	IFF	
V_Addr	R2D2	

*1: Die Bezeichner AnzahlDerVariablen und Anzahl_der_Variablen werden wegen der Unterstriche als verschieden betrachtet, auch sind die $'s echte Zeichen, die aber für System-Namen reserviert bleiben sollen und nicht in Benutzerprogrammen verwendet werden sollen.

Das folgende sind keine Bezeichner:

2ABB	muß mit Buchstaben beginnen
V-ADDR	'-' nicht erlaubt
John Smith	' ' (Blank, Leerzeichen) nicht erlaubt
IF	darf kein Wortsymbol sein

Wir wissen jetzt zwar schon, wie Bezeichner aussehen, aber noch nicht, wo und wie wir sie benutzen können. Dies wird in den folgenden Paragraphen beschrieben.

Es sei hier noch auf einige Besonderheiten hingewiesen:

- Die Länge eines Bezeichners ist nicht begrenzt, und es werden verschiedene Bezeichner auch als verschieden betrachtet (manche Programmiersprachen unterscheiden z.B. nur in den ersten 6 oder 10 Zeichen). Allerdings werden

- Kleinbuchstaben in Bezeichnern und Wortsymbolen als äquivalent zu den entsprechenden Großbuchstaben betrachtet.

- Ferner stellt die Betriebssystemumgebung bestimmte Forderungen an die Namen, die dem Betriebssystem mitgeteilt werden müssen, wie z.B. der Programmname. Übersetzte Comskee-Programme werden nämlich unter ihrem Namen vom Betriebssystem des Rechners verwaltet und deshalb muß dieser Name den Konventionen des Betriebssystems genügen. [*1]

---

*1: Eine Anpassung an diese Konventionen wird vom Compiler ggf. durch Verkürzung (z.B. auf die ersten 4 und die letzten 3 Zeichen) oder Konvertierung vorgenommen

2.3 Deklarationen

Anders als bei den Wortsymbolen, die eine feste Bedeutung haben und nur an ganz bestimmten Stellen vorkommen dürfen, ist der Programmierer frei darin, seine Bezeichner zu gebrauchen. Aus diesem Grunde muß er auch im Programm festhalten, zu welchem Zweck er diesen Bezeichner verwenden will. Das geschieht im sogenannten Deklarationsteil. In ihm wird u.a. der Typ der Variablen festgelegt. Wie schon angedeutet, wird mit einem Bezeichner i.a. eine Programmvariable bezeichnet. Eine Variable ist ein symbolisches Objekt, ein Platzhalter für eine Vielzahl von (möglichen) Werten. Es ist wichtig, 4 Dinge bei einer Programmvariablen zu unterscheiden:

1. Ihr <u>Name,</u> das ist der Bezeichner, mit dem diese Variable bezeichnet wird. Er liegt statisch fest und ändert sich nicht.
2. Ihr <u>Wert,</u> dieser ändert sich mit jeder Zuweisung an die Variable zur Laufzeit des Programms, d.h. wenn das übersetzte Comskee-Programm ausgeführt wird.
3. Ihr <u>Typ,</u> dieser legt die möglichen Werte (also die Wertemenge) und die für diese Variable möglichen Operationen fest. Der Typ einer Variablen ändert sich nicht.
4. Ihre <u>Adresse.</u> Sie ist normalerweise auch fest und sie braucht uns vorerst nicht zu interessieren. Wir werden darauf zurückkommen bei der Beschreibung von Prozeduren und Parametern von Prozeduren.

Um den Sachverhalt zu verdeutlichen, wollen wir einen Vergleich benutzen: Wir können den Computer mit einem Schubladenschrank gleichsetzen, wobei die einzelnen Variablen den verschiedenen Schubladen entsprechen. Die Schubladen sind durchnumeriert und die Adresse ist dann die Nummer einer Schublade. Der Bezeichner wird dargestellt durch die Beschriftung der betreffenden Schublade, ihr Typ durch die Größe der Schublade und ihr Wert durch den Inhalt der Schublade.

So bedeutet z.B. die Anweisung

    I:=17 (lies: I ergibt sich zu siebzehn)

das folgende:

"Kreiere den Zahl-Wert 17 und tue ihn in die Schublade mit dem Namen I, wobei die Schublade - falls sie schon einen Inhalt hat - zuvor ausgelehrt und ihr bisheriger Inhalt weggeschmissen (vergessen) wird."

Erreichen wir dann in einem Programm eine Anweisung, wie

J:=I*3 (lies: J ergibt sich zu I mal 3)

so heißt das das folgende:

"Lese den Wert aus der Schublade mit Namen I, multipliziere ihn mit 3 und tue ihn in die Schublade mit Namen J (dies ersetzt den alten Inhalt wie oben). Insbesondere wird der Wert aus der Schublade mit Namen I nicht herausgenommen (er ist also immer noch darin), sondern nur herausgelesen."

Es wurde schon gesagt, daß man Variable, bevor man sie benutzen kann, bekanntmachen muß. Dies geschieht im sogenannten Deklarationsteil. In diesem Deklarationsteil erklärt der Comskee-Programmierer, welche Variablen er verwenden will und welchen Typ sie besitzen sollen (welche Art Werte sie abspeichern können sollen).

Wenn man z.B. im Programm zwei Variablen benötigt, die Zeichenketten aufnehmen sollen, so schreibt man etwa

string S,T;

in den Deklarationsteil. Man erklärt damit, daß zwei Variable vom Typ string und mit Namen S und T eingerichtet werden sollen. Daß S und T den Typ string haben bedeutet, daß die für sie zulässigen Werte Strings sind. So ist z.B. die Zuweisung einer Stringkonstanten

S := 'abc'

an S möglich, nicht aber z.B.

S := 3.14

Insgesamt können Stringvariablen (u.a.) jeden Wert aufnehmen, der sich als Stringkonstante schreiben läßt. So auch z.B. den Wert '123', den man nicht verwechseln darf mit der Zahl 123. Der erste ist nämlich vom Typ string, während 123 vom Typ number ist. Und innerhalb der Maschine werden diese beiden Werte ganz verschieden dargestellt. [*1]

Wir wollen uns hier zuerst auf die elementaren Typen beschränken, die Comskee bietet. Dieses sind die Typen

string
number
bits
file
set

Zu den ersten Dreien haben wir schon die zugehörigen Konstanten besprochen, den Typ file werden wir in einem eigenen Paragraphen behandeln (Kapitel 4) und zum Typ set sei vorerst nur gesagt, das wir unter einem Wert vom Typ set eine Menge von Strings verstehen.

Für diese einfachen oder Basis-Typen (wir werden in Kapitel 7 noch strukturierte Typen kennenlernen) sieht eine Deklaration allgemein und formal folgendermaßen aus:

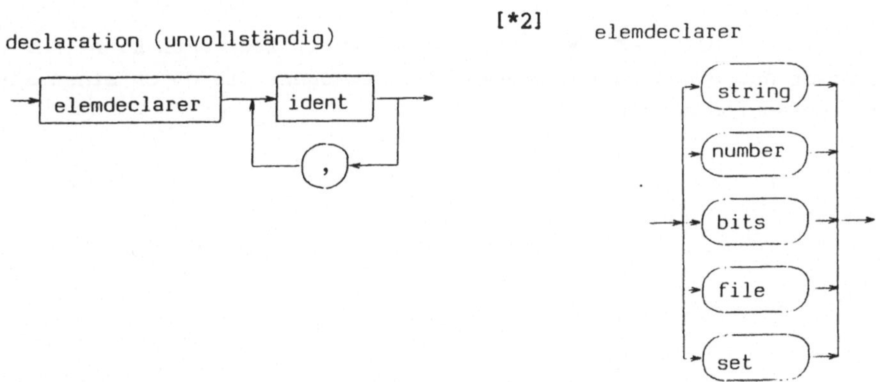

*1: Allerdings gibt es in Comskee Konvertierungsoperationen, mit denen z.B. Zahlen in sie darstellende Strings verwandelt werden können und umgekehrt (vgl. Kapitel 5).

*2: Der Zusatz "unvollständig" bedeutet, daß das Syntaxdiagramm in späteren Kapiteln noch vervollständigt wird und hier nur einen Teilaspekt repräsentiert. Das vollständige Syntaxdiagramm befindet sich auch im Anhang.

Die Symbole string, number, bits, file und set sind jetzt wiederum solche Schlüsselwörter mit fester Bedeutung, die nicht als Bezeichner von z.B. Variablen benutzt werden dürfen. Daneben gibt es noch andere Einschränkungen an die Verwendung von Bezeichnern in einer solchen Deklaration. Innerhalb eines Geltungsbereiches darf nämlich eine Variable nicht mehrfach deklariert werden, da Variablen immer nur einen Typ haben können. Andererseits muß aber jede Variable, die benutzt wird, auch deklariert sein. Die Deklarationen werden im Programm zusammengefaßt an den Anfang eines jeden Blocks geschrieben. Was ein Block ist, werden wir später noch genau erfahren, auf jeden Fall besteht ein ganzes Programm im wesentlichen auch aus einem Block, und so befindet sich z.B. auch am Anfang des Programms ein Deklarationsteil. Die Syntax für den Deklarationsteil kommt in folgendem Syntaxdiagramm zum Ausdruck:

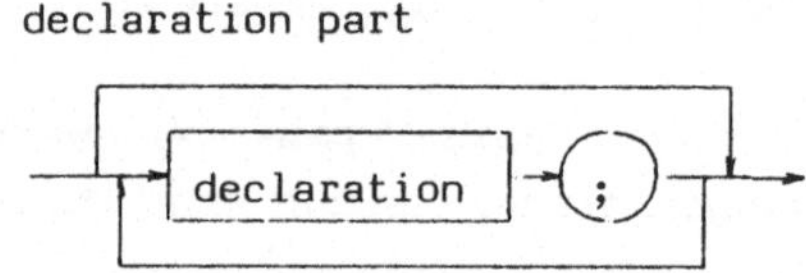

Man sieht, daß der Deklarationsteil evtl. leer sein kann. Ansonsten besteht er aus einer oder mehreren Deklarationen, die durch einen Strichpunkt abgeschlossen sind.

Wir fassen zusammen :

- Jede Variable, die im Programm benutzt werden soll, muß deklariert werden.
- Mit der Deklaration einer Variablen wird ihr Typ festgelegt (string, number, bits, file, set oder ein strukturierter Typ)
- Innerhalb eines Gültigkeitsbereiches (eines Blocks) darf eine Variable nur einmal deklariert werden.
- Die Variablendeklarationen stehen alle zusammen im Deklarationsteil am Anfang eines Blocks.
- Die Reihenfolge der Deklarationen ist unwesentlich.
- Der gleiche Typ darf mehrfach hintereinander auftreten, also ist z.B. ein Deklarationsteil der folgenden Form erlaubt:

```
string S;
number N, M;
string T;
```

2.4 Aufbau von Ausdrücken

2.4.1 Infix-Operationen

Nachdem wir jetzt wissen, wie wir Variablen deklarieren können, wollen wir uns damit beschäftigen, wie man solchermaßen deklarierte Variablen in einem Programm benutzen kann. Wir hatten schon früher Beispiele von Zuweisungen gesehen. Sie stellen den wichtigsten Anweisungstyp dar.

Betrachten wir die Zuweisung

```
X := Y cat Z   (sprich: "X ergibt sich zu Y cat Z")
```

und nehmen wir an, daß X, Y und Z Variablen vom Typ string sind. Wie wir im letzten Abschnitt gesehen haben, müssen dazu im Deklarationsteil die Variablen X, Y und Z entsprechend deklariert sein, z.B. mit der Deklaration

```
string X,Y,Z;
```

Die Semantik der obigen Zuweisung, d.h. die Bedeutung oder das, was passiert, wenn im Rechner diese Anweisung ausgeführt wird, ist die folgende:

Der Ausdruck auf der rechten Seite der Zuweisung (Y cat Z, mit "rechts" ist rechts des ":=" gemeint) wird berechnet, und der sich ergebende Wert wird der Variablen auf der linken Seite (d.h. dem X) zugewiesen.

Nach Ausführung dieser Anweisung hat X also einen neuen Wert, nämlich die Konkatenation der Werte, die Y und Z zum Zeitpunkt dieser Anweisung hatten. Eine Voraussetzung dafür, daß die Zuweisung korrekt abläuft, ist daß Y und Z einen definierten Wert haben. Im anderen Fall spricht man von nicht initialsierten Variablen. Werden sie verwendet, bricht das Programm mit einem Laufzeitfehler ab, oder es passieren nicht vorraussagbare Dinge [*1] .

Wir werden jetzt die Möglichkeit von Comskee, solche Zuweisungen zu schreiben, noch etwas mehr beleuchten. Die stärkste Variation liegt dabei in den Ausdrücken der rechten Seite einer Zuweisung. Wir nennen solche Ausdrücke "arithmetische Ausdrücke", [*2] wenngleich numerische Werte dabei lediglich eine Möglichkeit unter mehreren darstellen.

Die möglichen Wertetypen sind folgende:

- string für Zeichenkettenreihen (Strings)
- number für Zahlwerte
- bits für Bitketten
- set für Mengen von Strings.

Außerdem gibt es noch strukturierte Typen, die wir aber erst später behandeln.

Die meisten Operationen schreiben sich in der sogenannten Infix-Schreibweise: [*3] z.B.

---

*1: So läßt der Laufzeitfehler "Adressierungsvergehen" fast immer auf eine nicht initialisierte Variable schließen.

*2: Arithmetik ist in der Mathematik der Teil, der sich insbesondere mit dem Rechnen in den 4 Grundrechenarten befaßt.

*3: infix, lat. etwa "dazwischen befestigt"

```
1.Operand   Operator   2.Operand
    Y           +           Z
```

Diese Operatoren (also z.B. + (plus), - (minus), * (mal), / (durch)) heißen entsprechend Infixoperatoren. Allgemein können die Operanden dabei selbst wieder arithmetische Ausdrücke sein. Dabei muß dann der Rechner wissen, in welcher Reihenfolge er die Operationen ausführen soll. Aus der Schule kennen wir den Satz "Punktrechnung geht vor Strichrechnung", und diese Regel gilt in einer noch feiner differenzierten Form auch für Comskee-Programme. So unterscheiden wir allein bei den Infixoperatoren vier verschiedene Ebenen, von denen die Punkt- und Strichrechnungsoperatoren die obersten zwei Ebenen darstellen (die Operationen mit höchster Bindungspriorität).
Es gibt

- Multiplikationsoperatoren (Punktrechnung) und die
- Additionsoperatoren (Strichrechnung).

Die nächst niedrigeren Prioritäten haben die
- Relationsoperatoren (wie z.B. die Relation "=", die als Wert "wahr" ("T") oder "falsch" ("F") liefert) und die
- booleschen Operatoren (wie z.B. and oder or) Sie binden die Operanden noch schwächer an sich, als es die anderen Operatoren tun, haben aber untereinander die gleiche Bindungspriorität.

Auch weiß man noch aus der Schule, daß man bestimmte Bindungen von Operatoren an die für sie bestimmten Operanden dadurch erzwingen kann, indem man geeignet Klammern setzt.

Es folgt eine summarische Besprechung der verschiedenen binären Operationen, zuerst getrennt nach den verwendeten Typen, anschließend in Tabellenform geordnet nach Priorität.

<u>Die string-Operationen:</u>

Die Operationen Konkatenation (cat) und Abschneiden (tct) liefern als Ergebnis wieder einen String. Dabei bewirkt die Konkatenation ein nahtloses Aneinanderhängen der Operanden, das Abschneiden bildet in gewisser Weise die inverse Operation dazu. Hier wird der rechte Operand vom linken abgeschnitten, falls er rechtes Ende des linken Operanden ist. Also hat z.B. der Ausdruck 'Ein Text' tct 'Text' den Wert 'Ein '.

Der Replikator wird durch den * dargestellt, der auch bei numerischer Multiplikation verwandt wird. Im Unterschied zur Multiplikation ist beim Replikator der rechte Operand vom Typ string, der linke Operand aber bei beiden Verwendungen von * vom Typ number. Beim Replikator gibt der linke Operand an, wie häufig der rechte Operand mit sich selbst konkateniert werden soll, um das Ergebnis des entsprechenden Ausdrucks zu liefern. Z.B. hat der Ausdruck 3*'xy' den Wert 'xyxyxy'. Ist der linke Operand kleiner als 1, so ist der Ergebnisstring leer. Desweiteren wird auch nur der ganzzahlige Anteil des linken Operanden genommen.

Der Positionsoperator wird durch einen Punkt (.) dargestellt. Mit ihm wird die Anfangsposition eines strings in einem anderen berechnet. Und zwar wird der linke Operand als Basisstring betrachtet, der rechte als Suchmuster. Kommt das Suchmuster im Basisstring überhaupt nicht vor, so ist das Ergebnis der Positionsoperation der (number-)Wert Null, anderfalls die Anfangsposition des ersten Vorkommens (als Teilstring). Positionen in strings werden immer ab 1 gezählt. Z.B. ist der Wert des Ausdrucks 'Ein Text im Text' . 'Text' gleich 5, während der Wert des Ausdrucks 'abc' . 'ac' gleich Null ist.

Die Relationen partof, leftend und rightend entscheiden, ob zwischen zwei Operanden vom Typ string die angegebenen Beziehungen existieren, d.h. ob der linke Operand im rechten als Teilstring vorkommt, bzw. als linkes Ende oder rechtes Ende. Der Leerstring ist immer partof, leftend oder rihgtend von einem beliebigen string. Die angegebenen Relationen können auch durch die abkürzende Schreibweise <>, << bzw. >> ersetzt werden (die Spitzen zeigen bei leftend nach links usw.).

Abschließend gehören noch die Vergleiche < (kleiner), > (größer), <= (kleiner gleich), >= (gröer gleich), = (gleich) und ¬= bzw. ≠ (ungleich) in die Kategorie der binären string-Operationen, wenn beide Operanden vom Typ string sind. Der Ergebnistyp ist dann wie bei allen Relationsoperatoren bits (mögliche Werte "T" und "F"). = und ¬= entscheiden über die exakte Gleichheit zweier strings [*1] . Die größer/kleiner-Relationen basieren auf der lexikographischen Reihenfolge auf strings, die induziert wird durch den benutzten Zeichencode (z.B. EBCDIC oder ASCII). So gilt etwa 'az' < 'bc', oder 'Bildschirm' > 'Bild'. [*2]

---

*1: Im Unterschied zu anderen Programmiersprachen werden die Operanden nicht vor dem Vergleich durch Auffüllen mit Blanks auf gleiche Länge gebracht.

*2: Je nach verwendetem Code können auch solche Seltsamkeiten vorkommen wie 'a'>'Z', weil im Code etwa die Kleinbuchstaben hinter allen Großbuchstaben liegen. Eine solche Anordung ist verbreitet und in mancher Hinsicht auch sinnvoll. Will man davon abstrahieren, so

Die number-Operationen:

Hier gibt es die hinlänglich bekannten Operationen Addition (+), Subtraktion (-), Multiplikation (*), Division (/) und Exponentiation(**). Sie alle liefern wieder ein Ergebnis vom Typ number. Bei der Exponentiation und Division ist zu beachten, daß die Rechenregeln der Mathematik bestimmte Anforderungen an die Vorzeichen der Operanden stellen (Division durch Null, Wurzel aus negativer Zahl). Zu beachten ist auch, daß bei den numerischen Operationen Bereichsüberschreitungen auftreten können, da die als number-Werte darstellbaren Zahlen auf einen endlichen Zahlenbereich festgelegt sind. Die bei den strings eingeführten Relationen =, ¬=, <, <=, > und >= haben die bekannte Bedeutung.

Die bits-Operationen:

Hier gibt es die Operationen and, or, impl und equi. Sie liefern wieder Ergebnisse vom Typ bits und sind Bit-weise definiert nach folgender Tabelle.

Operanden		Ergebnis der Operation			
linkes Bit	rechtes Bit	and	or	impl	equi
F	F	F	F	T	T
F	T	F	T	T	F
T	F	F	T	F	F
T	T	T	T	T	T

So ist z.B. "T" or "F" gleich "T", oder "TTFT" and "FTT" gleich "FT" (letzteres ist identisch mit "FTFF", alle bits-Werte sind rechts mit F-bits bis zur Länge 32 aufgefüllt). Auch beim Datentyp bits gibt es die Relationen = und ¬=. Man beachte insbesondere den Unterschied zwischen equi und =, = belegt das linkeste Ergebnisbit mit T genau dann, wenn die Operanden in allen bits übereinstimmen (alle anderen Ergebnisbits in jedem Fall mit F), während equi diesen Vergleich Bit-weise vornimmt. Generell läßt sich sagen, daß die Operation equi immer dann benutzt werden sollte, wenn die Gleichheit nur in der ersten Bit-Position verglichen werden soll (bei Wahrheitswerten, d.h. Ergebnis von Relationen). Z.B. ist "T" equi not "F" erfüllt im Gegensatz zu "T" = not "F" (da not "F" = "TTTT...T" ist).

Die set-Operationen:

---

empfiehlt es sich, die zu vergleichenden Strings vorher z.B. auf Großschreibung zu normieren. Dies kann mit der Standardfunktion LowerTo geschehen (vgl. Anhang G).

Comskee-sets sind immer Mengen von strings. Set-Aggregate [*1] werden geschrieben, wie in der Mathematik üblich, nämlich als Liste von strings, die in geschweifte Klammern eingeschlossen ist. So repräsentiert z.B. {'Löwe', 'Katze', 'Wolf'} eine drei-elementige Menge. Statt der string-Konstanten können in der Liste auch beliebige Ausdrücke stehen, die einen Wert vom Typ string liefern.

Für Operanden vom Typ set gibt es die Operationen Vereinigung (join), Durchschnitt (meet) und Mengendifferenz (-). In allen drei Fällen hat das Ergebnis wieder den Typ set. Die Operationen entsprechen genau der Definition der Mengenlehre, ist also z.B. in zwei zu vereinigenden Mengen das gleiche Element enthalten, so tritt es dennoch in der Ergebnismenge nur einmal auf. Bei der Differenz-Bildung werden genau die Elemente aus dem linken Operanden in die Ergebnismenge übernommen, die nicht im rechten Operanden enthalten sind.

Wie bei den obigen Datentypen gibt es auch hier die Relationen = und ¬=, wieder mit der bekannten Bedeutung, d.h. zwei Mengen sind gleich, wenn sie gleich viele Elemente besitzen und jedes Element der einen Menge auch in der anderen enthalten ist. Im anderen Falle sind sie ungleich. Zwei weitere Relationen im Zusammenhang mit sets sind die Teilmengenbeziehung (in) und die Elementbeziehung (@). Beide liefern ein Ergebnis vom Typ bits, bei "in" sind beide Operanden vom Typ set, während bei @ der linke Operand vom Typ string sein muß. Die Teilmengenbeziehung zwischen zwei Mengen ist dann erfüllt, wenn jedes Element der Menge, die durch den linken Operanden repräsentiert wird, in der rechten Operandenmenge enthalten ist. Die Elementbeziehung ist erfüllt, falls der durch den linken Operanden repräsentierte string in der durch den rechten Operanden gegebenen Menge als einzelnes Element enthalten ist. Wichtig ist die Tatsache, daß Comskee-Mengen - im Gegensatz zu den Mengenkonstrukten in manchen anderen Programmiersprachen - voll dynamisch sind, daß sie also beliebig viele Elemente besitzen können.

---

*1: Aggregat: mehrgliedriger (mathematischer) Ausdruck, im Zusammenhang mit Programmiersprachen gebraucht zur Darstellung von uniformen Werten, die aus mehreren Komponenten bestehen

Operator	Schreib-weise	Typ des linken Operanden	Typ des rechten Operanden	Ergebnis-typ	Ergebnis
Boolesche Operatoren					
Und-Verknü-					bitweise and, or,
pfung	and				impl und equi
Oder-Verkn.	or	bits	bits	bits	pro Bit
Implikation	impl				siehe obige
Äquivalenz	equi				Tabelle
Relationsoperatoren					
Gleichheit	=	beliebig aber beide			
Ungl'heit	¬=	Operanden gleich			
kleiner,	<				lexikograph.
kleiner-	<=			bits	Ordnung
gleich		beide gleich, und zwar			bzw.
größer	>	string oder number			Zahlen-
größer-gleich	>=				größe
linkes Ende	<<				linker Operand
rechtes Ende	>>	string	string	bits	ist .. des
Teilwort	<>				rechten Op.s
Element	@	string	set	bits	linker Operand ist Element in rechtem
Teilmenge	in	set	set	bits	linker Operand ist in rechtem Op. enthalten
Additionsoperatoren					
Konkatenation	cat	string	string	string	Verkettung der Operanden
Truncation	tct	string	string	string	vom linken Oper'd wird rechter Op'd abgeschnitten
Addition	+	number	number	number	normale
Subtraktion	-	number	number	number	Addition und Subtraktion
Vereinigung	join	set	set	set	Mengen-
Differenz	-	set	set	set	operationen
Multiplikationsoperatoren					
Replikator	*	number	string	string	rechter Oper'd sooft mit sich konkateniert wie linker Op. angibt
Position	.	string	string	number	Position vom rechten Operanden im linken Op'den
Multipli-kation	*	number	number	number	Zahlen-
Division	/	number	number	number	arithme-
Exponentia-tion	**	number	number	number	tik
Durchschnitt	meet	set	set	set	Mengenoperation

Einige Beispiele der Ergebniswerte der Operationen:

linker Operand	Operator	rechter Operand	Ergebnis
'ABC'	cat	'XYZ'	'ABCXYZ'
'AB'''	cat	''''(String, der nur aus einem Apostroph besteht)	'AB'''''
'ABC'	tct	'BC'	'A'
'ABC'	tct	'AC'	'ABC'
3	*	'AB'	'ABABAB'
'ABC'	.	'BC'	2
'ABC'	.	'AC'	0
'ABC'	<<	'ABCD'	"T"
'ABC'	>>	'ABCD'	"F"
'ABC'	<>	'ABCD'	"T"
'ABC'	<	'ABCD'	"T"
'ABC'	>=	'ABCD'	"F"
3	*	5	15
2	**	10	1024
10	**	10	1E10
2	/	5	0.4
3	=	5	"F"
1E-10	<	1E-5	"T"
1	+	1E50	1E50 (Rechnerungenauigkeit)
13	-	5	8
"TFFT"	and	"TTFFFT"	"T"
"TFFT"	or	"TTFFFT"	"TTFTFT"
"TFFT"	impl	"TTFFFT"	"TTTFTTTF...T"
"TFFT"	equi	"TTFFFT"	"TFTFTFT...T" (32 Bits)
"TFFT"	=	"TTFFFT"	"F"
{'ABC','CDE'}	join	{'ABC','FGH'}	{'ABC','CDE', 'FGH'}
{'ABC','CDE'}	meet	{'ABC','FGH'}	{'ABC'}
{'ABC','CDE'}	in	{'ABC','FGH'}	"F"
{'AB'}	in	{'ABC'}	"F"
{}	in	{}	"T"
'ABC'	@	{'ABC','FGH'}	"T"
'ABC'	@	{}	"F"
{'ABC','CDE'}	-	{'ABC','FGH'}	{'CDE'}

2.4.2 Präfixoperationen

Neben den binären Operationen gibt es noch eine Reihe weiterer Möglichkeiten, Manipulationen an Daten auszuführen. Die nächste der betrachteten Kategorien wird durch die sogenannten unären Operatoren gebildet. Das sind solche Operatoren, die nur einen Operanden "regieren". Sie werden direkt vor den Operanden geschrieben (Präfix-Schreibweise) und werden entsprechend auch "Vorzeichen" genannt. Sie binden stärker als alle oben behandelten binären Operatoren.

Liste der unären (Präfix-) Operatoren

Operator	Schreibweise	Typ des Operanden	Typ des Ergebnisses	Ergebnis
Numerisches Vorzeichen-Minus	-	number	number	negativer Operand
Num. Vorzeichen-Plus	+	number	number	unveränderter Operand
Stringlänge	#	string	number	Länge des Operandenstrings
Mengengröße	#	set	number	Anzahl der Elemente der Menge
Dateilänge	#	file	number	Nr. des letzten belegten Satzes (vgl. Kap. 7.3 "file")
Wörterbuchgröße	#	array	number	Anzahl der belegten Einträge (vgl. Kap. 7.4, Wörterbücher)
Reverse	<-	string	string	"Spiegelbild" des Operanden
boolesche Negation	not	bits	bits	die Bits des Operanden werden "gekippt"
Absolutbetrag	abs	number	number	Absolutbetrag
Ganzzahliger Anteil	entier	number	number	Zahlenwert ohne den Nachkommaanteil
Sinus	sin	number	number	Sinus
Cosinus	cos	number	number	Cosinus
Wurzel	sqrt	number	number	Quadratwurzel
Exponentiation	exp	number	number	e hoch Operand (e=2.71828...)
Logarithmus	ln	number	number	natürlicher Logarithmus des Operanden

Einige Beispiele für unäre Operationen

Operator	Operand	Ergebnis
-	5	-5
+	5	5
#	'ABC'	3
#	'A''BC'	4
#	{ }	0
#	{'ABC'}	1
<-	'ABC'	'CBA'
not	"TFT"	"FTFTT...T" (32 Bits)
abs	-5	5
abs	5	5
entier	3.1415	3
entier	314.15	314
sin	3.1415926	0
cos	0	1
exp	0	1
exp	1	2.718281828
ln	1	0

Beispiele:

für "falsche" und "richtige" arithmetische Ausdrücke

5+exp 'abc'	falsch, Operand von exp muß den Typ number haben
+-+ # 'abc'	richtig, Wert =-3
'abc' cat <- 'abc'	richtig, Wert = 'abccba'
not 'abc'<<'abcd'	falsch, not bezieht sich in dieser Form auf 'abc', richtig wäre not('abc'<<'abcd')
2**4*'a'	richtig, Wert = 'aa....a' (16mal). Die Operatoren ** und * binden gleich stark und werden deshalb von links nach rechts interpretiert
1/#''	richtig, führt bei der Wertbestimmung aber zu einem Laufzeit-Fehler, da eine Division durch 0 verlangt wird
(3+5)*('abc'tct'bc')	richtig, Wert = 'aaaaaaa'

2.4.3 Die Syntax von Ausdrücken

Wir wissen zwar jetzt in etwa, wie wir arithmetische Ausdrücke aufzubauen haben, allerdings ist noch nicht gesagt worden, wie sie abgearbeitet werden. Dazu zuerst ein etwas komplizierterer Syntaxdiagrammkomplex, an dem man aber (im Prinzip) schon alle damit zusammenhängenden Fragen beantworten kann. Der Komplex fängt an mit dem Syntaxdiagramm fär arithmetische Ausdrücke, expression genannt. Dieses Syntaxdiagramm korrespondiert zu den Relationsoperatoren, den Operatoren mit der niedrigsten Bindungspriorität. Es benutzt das Syntaxdiagramm condexpr (für conditional expression), korrespondierend zu den booleschen Operatoren and, or, equi und impl, usw. Das letzte Glied dieser Kette wird von dem Syntaxdiagramm factor gebildet (der Name drückt aus, daß die durch dieses Syntaxdiagramm gebildeten Ausdrücke im darüberliegenden Syntaxdiagramm term die Faktoren für die Multiplikationsoperatoren liefert). In diesem Syntaxdiagramm wird jetzt wiederum das Syntaxdiagramm expression benutzt Will man nun feststellen, wie in einem arithmetischen Ausdruck Operatoren und Operanden aneinander gebunden sind, so zerlegt ,man den Ausdruck gemäß den Syntaxdiagramme in Konstituenten, die jeweils einem Syntaxdiagramm zuzuordnen sind. Diese Konstituenten sind <u>nicht</u> überschneidungsfrei, da ja auch die Syntaxdiagramme ineinander enthalten sind. Im allgemeinen besteht jede solche Konstituente aus einer, durch Operatoren dieser Stufe (also z.B. alle Operatoren aus der Klasse adop) miteinander verbundenen Liste von Subkonstituenten. Die Auswertung eines Ausdrucks (zur Laufzeit) geschieht nun in der Art, daß zuerst immer die Konstituenten einer solchen Liste (evtl. enthält die Liste nur eine Konstituente) ausgewertet werden, und dann werden die Operatoren auf dieser Ebene angewandt. Letzteres geschieht (relevant wenn die Liste mehr als zwei Elemente umfaßt) von links nach rechts. Dies ist wichtig zu wissen bei nicht assoziativen Operationen (wie z.B. -, tct oder /). So ist beispielsweise [*1]

    A * B ** C

ist äquivalent zu

    (A * B) ** C

und nicht etwa zu

    A * (B ** C)

*1: Man beachte gerade in diesem Beispiel den Unterschied zu der in der Mathematik manchmal stillschweigend vorausgesetzten Annahme über die Priorität der Exponentiation gegenüber der Multiplikation

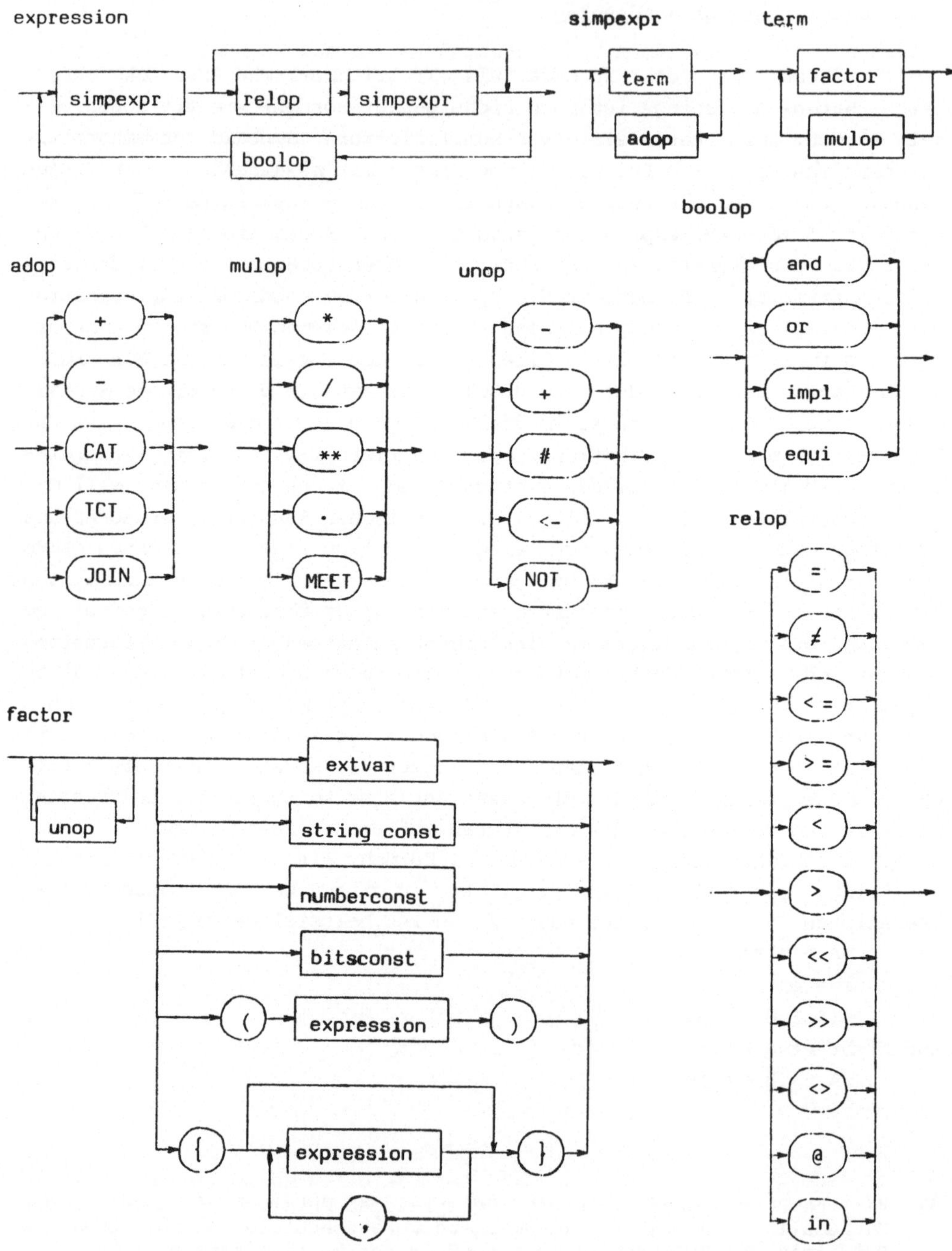
expression
simpexpr
relop
simpexpr
boolop
simpexpr
term
adop
term
factor
mulop
boolop
and
or
impl
equi
adop
+
-
CAT
TCT
JOIN
mulop
*
/
**
.
MEET
unop
-
+
#
<-
NOT
relop
=
≠
< =
> =
<
>
<<
>>
<>
@
in
factor
unop
extvar
string const
numberconst
bitsconst
(
expression
)
{
expression
,
}

Insgesamt kann man erkennen, daß die unären Operatoren (unop) am stärksten binden. Also ist z.B.

```
not A>0
```

ein falscher Ausdruck unabhängig von dem evtl. vorhandenden Wahrheitswert bei seiner Interpretation (Ausrechnung), da das "not" an das A gebunden wird und nicht an den Ausdruck "A>0". Richtig hätte man hier schreiben müssen:

```
not (A>0)          oder          A<=0
```

Die nächst schwächer bindenden Operatoren sind die Multiplikationsoperatoren (mulop), die ihrerseits wieder stärker als die Additionsoperatoren binden. (Hier spiegelt sich die Regel "Punktrechnung vor Strichrechnung" wider). Danach kommen die Relationsoperatoren (relop) und zum Schluß die booleschen Operatoren (boolop).

In jedem Fall kann man aber durch das Setzen von Klammern jede gewünschte Bindung erzielen. Die Prioritäten zwischen den Operatoren sind also lediglich dazu da, um im praktischen Einsatz auch in komplizierteren Ausdrücken mit möglichst wenigen Klammern auszukommen. Allerdings erfordert es schon ein wenig Übung, diese Prioritäten alle im Kopf zu haben. So wird man in Zweifelsfällen - oder auch zur besonderen Kenntlichmachung - manchmal überflüssige Klammern setzen. Das ist jederzeit erlaubt, es macht auch für das auszuführende Programm keinen Unterschied (höchstens erhöht sich die Übersetzungszeit kaum merklich).

Um sich die Schreibarbeit zu vereinfachen, kann man für einige (Operations-) Zeichen auch andere Namen bzw. Symbole benutzen. So kann man schreiben:

```
   statt    |  alternative Schreibweise
------------+------------------------------
   cat      |   +
   tct      |   -
   join     |   +
   meet     |   *
  leftend   |   <<    (bisher nur diese Schreibweise)
  rightend  |   >>    (bisher nur diese Schreibweise)
  partof    |   <>    (bisher nur diese Schreibweise)
   ≠        |   ¬=    (bisher nur diese Schreibweise)
   and      |   &
   or       |   |
   not      |   ¬
   {        |   <*
   }        |   *>
   #        |   ||=
```

Aufgabe 2.3:

Welche der folgenden Ausdrücke sind "richtige" arithmetische Ausdrücke? Für richtige bestimme man deren Typ und Wert [*1] und gebe sie vollständig geklammert an, bei falschen gebe man die Fehlerursache an.

a) sin # 'abc' * 0

b) <- 'abc' cat ('xyz'.'y') * 'a'

c) # 'abc'.'b' * c

d) not ("TFT" and not 'A'='B')

e) # { 3*5*'A', 'ABC'.'DEF'+2 }

2.4.4 Teilstringzugriff und Teilbitkettenzugriff

Wir wollen uns jetzt einer weiteren, sehr wichtigen Form des Zugriffs auf Variablen zuwenden, einem Konstrukt, das u.a. zur Bildung von arithmetischen Ausdrücken beiträgt. Es handelt sich dabei um den Teilkettenzugriff. Dieser wird nicht in der Infix- oder Präfixnotation geschrieben, sondern in einer speziell angepaßten Form und ist anwendbar auf Variablen vom Typ bits und vom Typ string.

Der positionelle Teilkettenzugriff

*1: Das ist hier möglich, da alle Konstituenten konstant sind

Ist S eine Variable vom Typ string, so bezeichnet der Ausdruck

S(3:5)

den Teilstring von S vom 3. bis zum 5. Zeichen (einschließlich [*1]).

Hat z.B. S den Wert 'ABCDEFG', so hat S(3:5) den Wert 'CDE'.

Ist B eine Variable vom Typ bits, so bezeichnet der Ausdruck

B(3:5)

die Teilbitkette von B, bestehend aus dem 3., 4. und 5. Bit. Hat also B den Wert "TFTTFFT", so hat

B(3:5) den Wert "TTF", was gleich "TT" ist.

Man beachte, daß B(3:5) wieder vom Typ bits ist, d.h. auch aus 32 Bits besteht, von denen (in jedem Fall) die hinteren 29 gleich "F" sind.

Die Syntax eines Teilstringausdrucks ergibt sich aus folgendem Diagramm für extvar (extended - erweiterte - Variable)

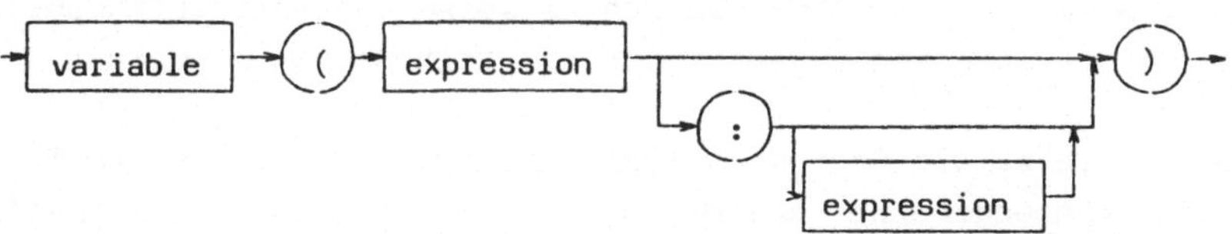

Wir sehen daraus, daß an den Stellen, wo im obigen Beispiel 3 und 5 stehen, irgendwelche arithmetischen Ausdrücke stehen dürfen. Allerdings müssen es im rein positionellen Fall Ausdrücke vom Typ number sein (es gibt auch noch andere Formen, in denen dann auch string-Grenzen vorkommen dürfen). Diese Ausdrücke werden mit linke und rechte Grenze der Teilkette bezeichnet. Die Variable darf vom Typ string oder bits sein. Aber zuerst wollen wir nur den Fall betrachten, daß die Variable den Typ string hat und daß beide Grenzen vom Typ number sind.

*1: Es sei nochmal daran erinnert, daß in einem string- und auch in einem bits-Wert die Positionen mit 1 beginnend durchnumeriert sind

Wenn wir uns das Syntaxdiagramm ansehen, fällt uns auf, daß es 3 verschiedene Wege durch das Diagramm gibt:

a) Linke und rechte Grenzen sind beide vorhanden (und durch einen Doppelpunkt getrennt)
b) Die rechte Grenze fehlt, aber der Doppelpunkt ist da
c) Es ist nur die linke Grenze vorhanden

Der Fall a) ist der allgemeine Fall, während b) und c) vereinfachte Schreibweisen für Spezialfälle sind.

Zu b): als rechte Grenze ist implizit das Ende des Strings gemeint, also ist z.B.

S(3:) äquivalent zu S(3:#S) [*1]

Zu c): die rechte Grenze ist mit der linken identisch, also ist z.B.

S(5) äquivalent zu S(5:5)

In diesem Fall hat der Teilstring die Länge 1, vorausgesetzt die Position liegt innerhalb des Strings (s.u.).

Wie wir sehen, unterstützt die Schreibweise des Teilstringzugriffs sehr gut die Vorstellung von einem String als Reihung von einzelnen Zeichen.

Nachdem wir jetzt die drei Normalfälle von rein positionellen Teilkettenzugriffen kennengelernt haben, müssen wir uns noch (der Vollständigkeit halber) mit den Randfällen des positionellen Teilstringzugriffs beschäftigen. (Wir betrachten nur den Fall a), da b) und c) auf a) zurückgeführt werden können.) Betrachtet werden die Fälle, bei denen (mindestens) eine der folgenden Voraussetzungen verletzt ist:

- die linke Grenze ist >= 1
- die rechte Grenze ist kleiner gleich der Länge des betreffenden Strings
- die rechte Grenze ist größer gleich der linken

---

*1: #S bezeichnet die Länge von S

Es handelt sich bei diesen Sonderfällen [*1] eigentlich um Programmierfehler, die im Prinzip auch in einen Laufzeitfehler münden könnten, der dann zum Abbruch des betreffenden Programms führen würde. Es hat sich aber als sehr praktisch erwiesen, solche Fälle auch noch zuzulassen, um auf diese Weise manche Situationen im Programm einfacher formulieren zu können. Dieser Effekt tritt in besonderem Maße auf bei dem inhaltlichen Teilstringzugriff, der weiter unten behandelt wird.

Um die genannten Fälle "weich" abfangen zu können, gibt es in der Comskee-Philosophie das Prinzip der "recovery-Werte". Es handelt sich dabei um "zulässige Werte, die dem gewünschten (unerreichbaren) möglichst nahe kommen". Ist z.B. bei einem Teilstringzugriff als rechte Grenze eine Zahl angegeben, die größer als die Länge des Strings ist, so wird diese Zahl durch die Länge des Strings ersetzt. Um dem Programmierer die Möglichkeit zu geben, von solchen "recovery-Aktionen" Mitteilung zu bekommen, gibt es in Comskee noch ein recovery-Attribut, mit dem die resultierenden Werte solcher recovery-Aktionen belegt werden. Nach der Zuweisung

```
T := S(i:j)
```

bei der eine recovery-Aktion gestartet werden mußte, bekommt T dann das recovery-Attribut. Es läßt sich im Comskee-Programm abfragen, z.B. durch

```
if T=* then ...
```

oder

```
if T≠* then ...
```

Dabei ist dieses "=*" bzw. "≠*" nur eine Schreibweise, T hat daneben auch noch einen "richtigen" Wert, mit dem ganz normal weiter gearbeitet werden kann.

Diese recovery-Werte werden uns noch an anderen Stellen begegnen, z.B. bei Dateien (Kap. 7.3), wo sie unbesetzte Datei-Segmente "repräsentie-

---

*1: Noch zu den "Normalfällen" gerechnet wird der Fall "S(I-1:I)", wobei 1<=I<=#S+1 gilt. Hier bezeichnet S(I-1:I) einfach den Leerstring, den man sich vor dem I-ten bzw. nach dem (I-1)-ten Zeichen denken kann.

ren".

Liste der recovery-Aktionen

Sonderfall	Ergebnis des Teilstringzugriffs
Linke Grenze größer als rechte Grenze	Leerstring ('')
Linke Grenze kleiner als 1	für die Linke Grenze wird 1 eingesetzt
Rechte Grenze größer als Länge des Strings	für die rechte Grenze wird die Länge des Strings eingesetzt
Linke Grenze größer als Länge des Strings oder rechte Grenze < 1	Leerstring ('') [*1]

Einige Beispiele:

Ist S eine Variable vom Typ string und ist S='Arbeit', so ist [*2]

```
S(2:4)='rbe'                S(2:)='rbeit'
S(-3:2)='Ar'                S(4:3)= ''
S(3:5)='bei'                S(7:19)=''
S(4)='e'                    S(6:)='t'
S(2) cat S(4:) cat S(4) = 'reite'
```

Der kontextuelle Teilstringzugriff

Wir hatten oben schon angedeutet, daß es bei Strings auch noch eine andere Art als den positionellen Teilstringzugriff gibt. Diese zweite Zugriffsart ist der inhaltliche Zugriff. Die herausragende Eigenschaft eines Strings in Comskee ist seine Längendynamik. Seine Länge ist prinzipiell nicht beschränkt, und die sich daraus ergebende Betrachtungsweise legt es nahe, daß man nicht nur mithilfe der Position einen Teilstring

---

*1: Hierbei kann die rechte Grenze auch größer als die linke sein
*2: In allen Fällen erhält das Ergebnis das Recovery-Attribut

aus einem String auswählen können sollte. Tatsächlich ist es auch möglich, kontextuell einen Teilstring auszuwählen, d.h. seinen Inhalt als Kriterium für die Selektion eines Teilsegmentes heranzuziehen.
So ist z.B. für

```
S          = 'abcdef'
S('a':'f') = 'bcde'      oder
S('bc':)   = 'def'
```

An den Beispielen sieht man schon, daß anders als beim positionellen Teilstringzugriff beim inhaltlichen Teilstringzugriff die Grenzen "exklusiv" wirken. Dies mag auf den ersten Blick hin inkonsequent aussehen, tatsächlich entspricht die gewählte Interpretation aber dem, was in fast allen Fällen benötigt wird. In dem Beispiel ist S('a':'f') der Teilstring, der hinter dem 'a', also mit dem zweiten Zeichen, anfängt und vor dem darauf folgenden 'f', also mit dem fünften Zeichen aufhört. Aus dem zweiten Beispiel kann man entnehmen, daß man nicht nur einzelne Zeichen, sondern auch ganze Strings zur Positionsbestimmung benutzen kann. Wie auch beim positionellen Zugriff kann die rechte Grenzangabe fehlen als abkürzende Schreibweise für "bis zum Stringende". Man hätte dafür auch wieder S('bc':#S) schreiben können. Dies weist uns schon auf die Möglichkeit hin, die zwei Zugriffsarten (positionell und inhaltlich) zu kombinieren. In der Tat sind fast sämtliche Mischformen möglich, die einzige Ausnahme bildet die Form, bei der nur ein Ausdruck, der sich zu einem Wert vom Typ string auswertet, in der Klammer steht, der Doppelpunkt und die folgende rechte Grenze fehlen. In der positionellen Form greift man in dieser Art genau auf ein Zeichen (entsprechend der angegebenen Position) im angesprochenen string zu. Da aber der inhaltliche Teilstringzugriff exklusive der angegebenen Grenzen erfolgt, wäre der kontextuelle Zugriff mit nur einer Grenze nicht sinnvoll. Insofern ist es einsichtig, daß es diesen Zugriffsmodus nicht gibt.

Bisher haben wir die Bedeutung des Teilstringzugriffs nur an Beispielen gesehen. Eine exakte Definition der Semantik (Bedeutung) eines allgemeinen Teilstringzugriffs steht noch aus. Wir wollen ihn deshalb algorithmisch erklären, d.h. angeben, was im Rechner im einzelnen abläuft, wenn ein solcher Teilstringzugriff abgearbeitet wird.
Wie die Kurzformen (S(I:), S(I), S(T:)) auf die äquivalenten Langformen zurückgeführt werden, haben wir schon erfahren. Betrachten wir deshalb den ausgeschriebenen Fall " S(al:ar) ", wobei al und ar für "Ausdruck

links" und "Ausdruck rechts" stehen. [*1]
Der Rechner bestimmt zuerst die Position der linken Grenze:

Ist al ein Ausdruck vom Typ string, so wird in S von links nach rechts nach al gesucht. Kommt al in S überhaupt nicht vor, so wird #S+1 (Länge von S plus 1), als linke Position angenommen [*2] . Ansonsten wird die erste Position nach al zur linken Position. Ist al vom Typ number, so ist dies (evtl. gerundet) die linke Position.

Von dieser nun gefundenen linken Position aus wird die rechte Position bestimmt:

Ist der rechte Ausdruck ar vom Typ string, so wird von der linken Position aus dieser Teilstring gesucht. Kommt er in dem Reststück von S gar nicht mehr vor, so wird #S+1 als rechte Position angenommen (als recovery-Aktion), ansonsten die Position in S vor dem Vorkommen von ar. Ist zum anderen wieder ar vom Typ number, so ist sein Wert die rechte Position.

Mit den zwei so gefundenen Positionen wird nun der Teilstring - wie am Anfang beim positionellen Zugriff beschrieben - definiert. Sein Wert ist der Wert des Ausdrucks; recovery-Wert und -attribut ergeben sich aus dem oben gesagten. Insbesondere gilt nach T:=S(S1:S2) die Beziehung T≠*, falls T im Kontext zwischen S1 und S2 in S vorkommt (S, T, S1, S2 sind String-Variablen), d.h. es gilt (S1 cat T cat S2) partof S.

Aufgabe 2.4:

Es sei S eine Variable vom Typ string. Der Wert von S sei 'abrakadabra'. Man bestimme folgende Werte:

a) S(4:7)	b) S(6:)	c) S(7)
d) S('a':'a')	e) S('ka':'bra')	f) S('b':'brak')
g) S(5:'kada')	h) S(6:'kada')	
i) S(S.'bra':S.'ada')	j) S('dabra')	

und entscheide jeweils, ob die Ausdrücke das recovery-Attribut besitzen.

*1: In der Tat können an diesen Positionen nicht nur einfache Variable oder Konstanten, sondern beliebig verschachtelte und beliebig komplizierte Ausdrücke stehen, vorausgesetzt, sie berechnen sich zu einem Wert vom geforderten Typ

*2: Der Teilstringzugriff ergibt dann natürlich den Leerstring als recovery-Wert (s.o.)

III Kommentare und Programmgestaltung

3.1 Kommentare

Eines der Hauptziele von höheren Programmiersprachen ist es, eine Notation bereitzustellen, die für den menschlichen Leser und Autor besser verständlich ist als die der Maschinensprache, eine Notation, die es ihm ermöglicht, stärker in seinen, problembezogenen Kategorien zu denken, also auch, das betreffende Programm schneller zu erstellen. Man spricht in diesem Zusammenhang auch von selbstdokumentierenden Programmen. So kann der Programmierer durch die Wahl der Bezeichner für Variablen oder sonstige Objekte dem Leser des Programms (also auch sich selbst) Hinweise zum Verständnis des Programms geben. [*1]

Hier muß noch einmal an den Hauptzweck eines Programms erinnert werden. Ein Programm enthält Anweisungsvorschriften für die Maschine, die das Programm nicht nach seinem Sinn verstehen, sondern nur buchstabengetreu nachvollziehen soll. Der menschliche Leser (nicht der Benutzer) hingegen ist in erster Linie am Sinn eines Programms interessiert. Deshalb gibt es in Programmiersprachen die Möglichkeit, Kommentare in ein Programm einzustreuen. Diese sind nur für den Menschen interessant, der Rechner überliest sie. So haben auch für den Rechner die Bezeichner von Variablen etc. überhaupt keine Bedeutung, für ihn könnten die Namen auch ganz einfach durchnumeriert sein. Die einzigen Namen, die der Rechner interpretiert, sind die Wortsymbole (begin, if, cat, etc.), ansonsten interessiert ihn von den Namen nur noch, ob sie mit anderen Namen gleich sind oder nicht.

Doch zurück zum Kommentar. In Comskee-Programmen darf an jeder Stelle, an der ein Leerzeichen (Blank) erlaubt ist, auch ein Kommentar stehen. Er darf (jedoch) nicht stehen innerhalb von

- Namen (Bezeichner von Variablen etc.)
- Wortsymbolen (begin, if, cat, ...)
- Elementarkonstanten (Zahl-, Bits- und Stringkonstanten)

---

*1: Es gilt als ganz normal, daß selbst der Autor eines Programms nach nur 14 Tagen schon erhebliche Schwierigkeiten hat, sein Programm zu verstehen, wenn es nicht ausreichend kommentiert ist.

- Sonderzeichenkombinationen (also kein Kommentar zwischen den "Doppelpunkt" und dem "Gleich" in einem "Ergibtsich"-Zeichen (:=))

Syntax eines Kommentars:

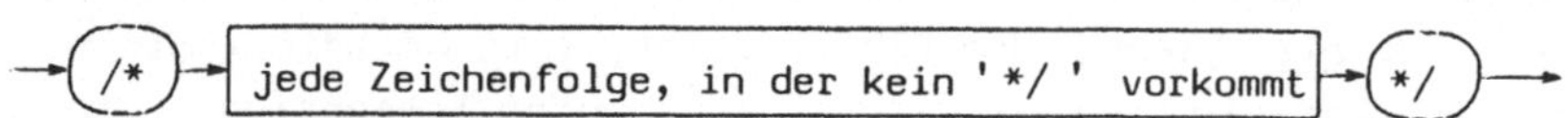

Beispiele für Kommentare:

```
/* Dies ist ein Kommentar */
/* und auch die folgende Zeile:*/
/* */
/* Kommentar darf
   sich auch
   über mehrere Zeilen erstrecken */
/* Auch ist es mithilfe von Kommentarklammern möglich, Programman-
   weisungen (kurzfristig) "auszublenden" */
/* A := A+Il */
```

Eine generelle Bemerkung:
Man kann gar nicht zuviel Kommentar in ein Programm schreiben.

3.2 Wahl der Bezeichner

Schon weiter oben wurde die Wahl der Bezeichner angesprochen. Der Bezeichner eines Objektes sollte in möglichst prägnanter Form das Objekt "kommentieren". Damit dies leicht möglich ist, können Bezeichner in Comskee beliebig lang sein, es werden auch alle Stellen als signifikant betrachtet, d.h. auch wenn sich 2 Bezeichnernamen z.B. erst im 20. Buchstaben unterscheiden, so werden sie doch als verschieden angesehen [*1]

*1: Eine Ausnahme bilden hier importierte und exportierte Namen, wie sie im Zusammenhang mit getrennt übersetzten Prozeduren und Modulen (vgl. Kap. 6.8 und 6.9) eingeführt werden. Bei ihnen hängt es vom Betriebssystem ab, wieviele und welche (z.B. die ersten 4 und die letzten 3) Stellen signifikant sind.

Um sich dennoch nicht mit zuviel Schreibarbeit zu belasten, bildet sich jeder Programmierer Gewohnheiten zur Namensabkürzung. So ist es z.B. recht üblich, einfache Zähler, die nur einen Zahlenbereich durchlaufen, mit I oder J zu bezeichnen. Da der betreffende Programmierer immer die Variablen I und J in ähnlicher Funktion verwendet, können diese Bezeichner für ihn erklärend genug sein. Für speziellere Aufgaben vergibt ein routinierter Programmierer aber längere Namen, denn das Mehr an Schreibarbeit wird durch die bessere Lesbarkeit der Programme mehr als aufgewogen. In Comskee hat man mehrere Möglichkeiten, die Gestalt von Bezeichnern zu variieren. So kann man zwischen Groß- und Kleinschreibung unterscheiden: In den Beispielen in diesem Buch werden Wortsymbole von einfachen Bezeichnern dadurch unterschieden (nur für den menschlichen Leser!), daß Wortsymbole in reiner Kleinschreibung geschrieben werden, während freie Bezeichner zumindest mit einem Großbuchstaben beginnen, häufig sind auch Großbuchstaben mitten in den Bezeichnern, um so die verschiedenen Teile eines Bezeichners besser gegeneinander abzuheben. Auch kann man das Spezialsymbol Unterstrich (_) zu dem gleichen Zweck verwenden. Also z.B.

```
AnzahlDerEintraege        oder
Anzahl_der_Eintraege [*1]
```

3.3 Optische Gestaltung eines Programms

Auch mit der optischen Gestaltung eines Programms hat man die Möglichkeit, das Programm übersichtlicher und besser lesbar zu machen. So kann man z.B. die verschiedenen Abschnitte eines Programms durch waagerechte Striche, in Form eines Kommentars der Form

```
/* ------------------------------------------------------------ */
```

und einige Leerzeilen voneinander abtrennen, oder größere Kommentarabschnitte in "Kästchen" einrahmen, z.B. so:

*1: Diese zwei Bezeichner werden als verschieden betrachtet, aber z.B. ANZAHLDEREINTRAEGE, anzahldereintraege oder anzahlDEReintraege wird mit dem ersten Bezeichner als gleich angesehen, da der Compiler keinen Unterschied zwischen Groß- und Kleinschreibung macht

```
/**************************************************
*                                                 *
*        Hierdrin irgend ein Kommentar            *
*                                                 *
**************************************************/
```

In den folgenden Kapiteln werden wir eine ganze Reihe von strukturbildenden Konstrukten kennenlernen. Das Gerüst dieser Strukturen wird durch Wortsymbole dem Compiler mitgeteilt. So ist z.B. die Fallunterscheidung, die sog. if-Anweisung ein solches Konstrukt, seine Struktur wird durch die Wortsymbole if - then - else - fi repräsentiert. Um diese Struktur optisch hervorzuheben, hat es sich eingebürgert, die Struktur durch Einrückung besser sichtbar zu machen, in dem Sinne, daß man auch bei ganz entfernter Betrachtung eines Programms die durch die verschiedenen Strukturen gebildete Klammerstruktur deutlich zu machen. In einer if-Anweisung kann nämlich wieder eine if-Anweisung "eingeschachtelt" sein, und in dieser wieder irgend eine andere Struktur usw.. Wenn man nun korrespondierende Anfang und Ende einer solchen Struktur sucht, so ist das Einrückschema sehr nützlich. Nach diesem Schema beginnen alle Konstituenten einer Struktur, die gleiches logisches Niveau habenn an gleicher Position, gerechnet ab dem linken Rand. Um einen Eindruck von den Möglichkeiten der Programmgestaltung zu gewinnen, sei auf die Programmbeispiele, besonders viele befinden sich in Kapitel 8, hingewiesen.

Eine weitere wichtige Möglichkeit, Programme besser lesbar zu machen, ist die Unterteilung in Prozeduren, auf die in Kapitel 6 noch eingegangen wird. Nur sei an dieser Stelle schon vermerkt, daß ein wesentlicher Grund (aber nicht der einzige und - historisch gesehen - nicht der primäre) für die Verwendung von Prozeduren in der Verbesserung der Lesbarkeit und damit der besseren "Wartbarkeit" d.h. Veränderbarkeit, Erweiterbarkeit und Verbesserbarkeit der Programme liegt.

IV Ablaufstrukturen in Comskee

Wir hatten bisher gesehen, wie man

- einfache Deklarationen und
- arithmetische Ausdrücke in Comskee bilden kann.

Dies sind die wesentlichen Bausteine des Comskee-Programms. Das eigentliche Gerüst jedoch, das die Ablaufstruktur des Programms darstelll, wird von den Kontrollstrukturen gebildet.

Wir unterscheiden hierbei:

- einfache Kontrollstrukturen
- Auswahlstrukturen und
- Schleifen

Zu den einfachen Kontrollstrukturen gehört u.a. die Zuweisung, zu den Auswahlstrukturen die if-Anweisung (Alternation), zu den Schleifen die verschiedenen Formen der anfangs- und endkontrollierten Schleifen, die Laufanweisung und die "Durchmusterungs"schleife.

4.1 Einfache Kontrollstrukturen

4.1.1 Die Zuweisung

Bei der Zuweisung, oder englisch: assignment handelt es sich um den wohl wichtigsten Anweisungstyp. Mit wenigen Ausnahmen, nämlich z.B. die der read-Anweisung, wird jede Veränderung des Wertes einer Programmvariablen mit Hilfe der Zuweisung vorgenommen.

Eine Zuweisung hat die syntaktische Form:

assign (unvollständig)

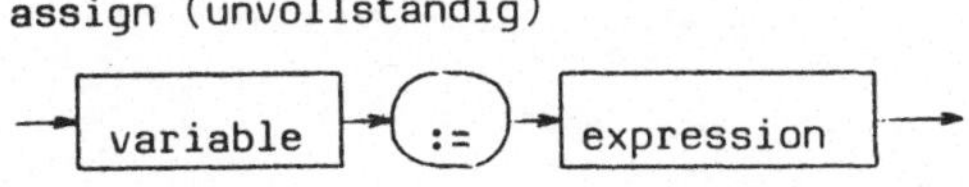

Beispielsweise ist

S:= S cat 'A' (sprich: S ergibt sich zu S konkateniert mit Stringkonstante A)

eine solche Zuweisung. Wir sehen rechts vom Zuweisungszeichen einen Ausdruck, wie wir ihn im vorigen Kapitel behandelt haben. Der Sinn dieser Anweisung ist folgender: Wird diese Anweisung im Rechner ausgeführt (das ist während der Ausführungs- oder Laufzeitphase), so werden die aktuellen Werte der Variablen S und der Stringkonstanten, die nur aus einem großen A besteht, miteinander konkateniert und wiederum der Variablen S zugewiesen. Im Effekt wird also der Wert von S um das Zeichen A verlängert.

Weitere Beispiele:

```
N := N+1 /* Die number-Variable N wird um 1 erhöht */ [*1]
Anfangswort := Satz (1:' ')     [*2]
T := A cat B cat 13*C
```

4.1.2 Teilstringersetzung und Teilbitkettenersetzung

Eine spezielle Form der Zuweisung ist die Teilstringersetzung, bzw. die Teilbitkettenersetzung.

Ähnlich wie man innerhalb von strings auf bestimmte Teile lesend, d.h. ihren Wert errechnend, zugreifen kann, kann auf genau diese Teile auch schreibend zugegriffen werden. Syntaktisch wird dies ausgedrückt, indem man "extvar" (erweiterte Variable), auch auf der linken Seite einer Zuweisung benutzen darf:

[*3]

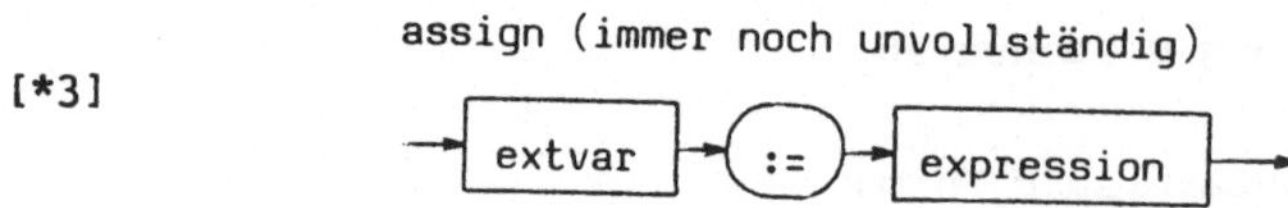

*1: Sprich: N ergibt sich zu N plus 1
*2: Sprich: Anfangswort ergibt sich zu Satz von 1 bis Blank
*3: Syntax von extvar: siehe 2.4.3

also z.B.:

```
S(1:' '):= 'abc' /* Ersetze den Teilstring bis zum 1. Blank durch
                    'abc' */
oder
B(13:16) := "TFTT" or B(13:16)
                  /* Setze Bit 13, 15 und 16 auf "T" [*1] */
```

Die Auswahl des zu ersetzenden Teilstückes in der Variablen der linken Seite erfolgt dabei nach den gleichen Regeln wie beim lesenden Teilstringzugriff. Insbesondere muß die Variable zum Ausführungszeitpunkt einen definierten Wert besitzen. [*2]

Eine Besonderheit gibt es auch hier - wiederum dadurch bedingt, daß sich diese Festlegung als praktisch erwiesen hat:
Liegt beim positionellen Zugriff die linke Grenze rechts vom Ende des zu verändernden Strings, so wird zuerst der String durch Auffüllen mit Leerzeichen (Blanks, ' ') auf die nötige Länge gebracht. Z.B. hat S den Wert S='abc', so hat S nach der Zuweisung

```
S(7):='xy'     den Wert S='abc   xy'
```

Da es sich um eine Recovery-Aktion handelt, gilt nach der Zuweisung in diesem Fall auch S=* (vgl. 2.4.3).

Allgemein gilt:
Das ausgewählte Teilstück wird bei der Zuweisung durch den Wert ersetzt, der sich bei Berechnung der rechten Seite ergibt. Strings verhalten sich hierbei wieder völlig dynamisch. Hat z.B. vor der Zuweisung

```
S(1:' '):='abc'
```

S den Wert 'sein oder nichtsein', so wird S bei der Zuweisung (implizit)

---

*1: Intern wird bei jedem Teilkettenzugriff eine Kopie erzeugt, bzw. das System achtet darauf, ob Quelle und Ziel einer Zuweisung vielleicht identisch sind, d.h. es gibt auch bei Teilkettenzuweisungen mit sich überschneidenden Bereichen (z.B. B(4:6) := B(3:5)) keine Probleme

*2: Man kann sich z.B. die Zuweisung S(3:5) := T vorstellen wie S := S(1:2) cat T cat S(6:), und in dieser Form ist klar, daß S einen Wert besitzen muß, da lesend auf S zugegriffen wird

verkürzt auf den Wert 'abc oder nichtsein'. Durch

```
S(1:5) := ''
```

wird S um die ersten 5 Zeichen gekürzt, [*1] d.h. diese Zuweisung ist äquivalent zu

```
S:=S(6:)
```

Analog ist auch eine Verlängerung möglich. Muß die Festlegung des zu ersetzenden Teilstrings durch eine recovery-Aktion erfolgen (d.h. die Berechnung der rechten Seite führt zu einem recovery-Wert, vgl. 2.4.3), so erhält die zugewiesene Variable das recovery-Attribut.

Im Gegensatz zur Teilstringzuweisung verhält sich die Teilbitkettenzuweisung nicht dynamisch, d.h. der Wert der rechten Seite wird durch Abschneiden oder Auffüllen mit F's an der rechten Seite auf die Länge der zu ersetzenden Teilbitkette gebracht und erst dann zugewiesen.

Beispiel:

```
B(2) := C         /* Es wird nur das weitest linke Bit von C übertra-
                     gen */
B(3:9) := C(1:2) /* Bit 5 bis 9 von B werden implizit auf "F" ge-
                     setzt */
```

*1: Es sei hier nochmals auf den Unterschied zwischen '' (Leerstring) und ' ' (Blank) hingewiesen. Für den Rechner ist a priori ein Blank ein Zeichen wie jedes andere auch, erst durch die verschiedenen Programme bekommen die einzelnen Zeichen besondere Bedeutung, so bekommt auch das Blank z.B. für den Comskee-Compiler im Normalmodus die Bedeutung "Trennung zwischen zwei Einheiten"

4.1.3 Read- und Write-Anweisungen

Der nächste Anweisungstyp ist die einfache Eingabe und Ausgabe. Syntaktisch haben sie die Form:

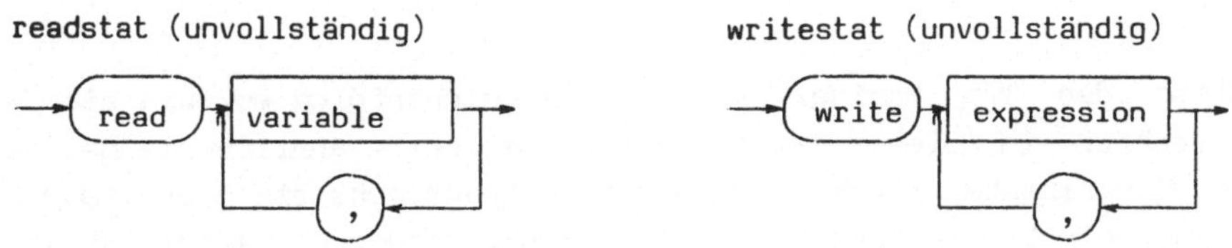

Also z.B.:

```
read A,B,C
oder
write S+T, 37*(A-B)
```

Mit der read-Anweisung können Strings, aber auch Zahlen, Bitketten und sogar Mengen eingelesen werden, mit der write-Anweisung können Werte eben dieser Typen in lesbarer Form ausgegeben werden. Es entspricht allerdings mehr der Comskee-Philosophie, nur String-Werte einzulesen, und dann sich daraus die anderen Typen zu berechnen, bzw. die auszugebenden Werte anderer Typen erst in einen String-Wert umzuwandeln [*1] und diesen dann auszugeben. Um aber eine einfache Form des Einlesen und der Ausgabe auch für Nicht-string-Werte zu haben, gibt es diese Anweisungen in der erweiterten Typenvielfalt.

Die hier behandelte Variante der read- und write-Anweisung gestattet ausschließlich das Einlesen vom Bildschirm-Terminal bzw. die Ausgabe auf Bildschirm. Eine erweiterte Form der read- und write-Anweisung wird in Kapitel 7.3 behandelt.

<u>Der Effekt einer read-Anweisung</u>

Wird zur Laufzeit des Programms eine read-Anweisung erreicht, so wird

---

*1: mithilfe der Konvertierungsfunktionen, wie sie in Kapitel 5 behandelt werden

der Lauf des Programms unterbrochen und am Bildschirm erscheint ein besonderes Zeichen Dieses Zeichen bedeutet, daß der Rechner auf eine Eingabe wartet. Gibt man jetzt irgendeine Zeichenfolge ein und "schickt sie ab", d.h. man betätigt eine besondere Taste mit der Bedeutung "Übertrage die eingegebene Zeichenfolge jetzt an den Rechner", [*1] so erhält der Rechner diese Zeichenkette und sie wird der aktuellen read-Variablen zugewiesen.

Hat diese den Typ string, so wird die Zeichenfolge so, wie sie der Rechner erhält, in dieser Variablen abgespeichert, ähnlich wie bei der Zuweisung. Die Eingabe braucht aber nicht in Apostrophe eingeschlossen zu werden, auch die Einschränkung, daß Apostrophe verdoppelt werden müssen, gilt hier nicht. Ist hingegen der Typ der Variablen number, so muß die eingegebene Zeichenfolge auch der Syntax einer Comskee-Zahlkonstanten genügen, entsprechend bei Bits (aber hier wieder ohne die Gänsefüßchen). In den letzten beiden Fällen findet intern im Rechner automatisch eine Konvertierung statt von der "Externdarstellung" in die "Interndarstellung", wobei z.B. die Zahl in eine Form gebracht wird, sodaß der Rechner mit ihr rechnen kann, also die Repräsentation, die der Rechner erwartet, damit er z.B. zwei Zahlen addieren kann. Bei den Bits wird die Externdarstellung so komprimiert, daß für jedes eingegebene T bzw. jede 1 in der Externdarstellung intern genau das entsprechende Bit in einer Speicherzelle der Länge 32 gesetzt wird; alle anderen sind nicht gesetzt. Bei den Mengen ist der read-Vorgang etwas komplizierter. Der Rechner erfragt zuerst die Anzahl der Elemente, die eingelesen werden sollen und dann liest er genau so viele einzelne Strings ein. Die Menge dieser Strings wird dann der read-Variablen zugewiesen.
Ein

```
     read M          mit M vom Typ set
```

entspricht folgendem Programmstück:

---

*1: das ist z.B. (je nach Rechner) die "line-feed"-Taste, die "DÜ"-Taste (Datenübertragung) oder die "carriage return"-Taste

```
begin
  number I,N;
  string S;
  read N;
  M := <* *>; /* Vorbesetzung mit der leeren Menge */
  for I from 1 to N
  /* Fuehre die zwischen loop und pool
  stehenden Anweisungen N mal durch! */
  loop
    read S; /* Lies ein Element ein */
    M := M join <* S *>
       /* Fuege es zur Menge M hinzu */
  pool
end
```

Der Effekt einer write-Anweisung

Die write-Anweisung ist das Gegenstück zur read-Anweisung. Mit ihr ist es möglich, irgendwelche Programmdaten auf das Bildschirm-Terminal (und evtl. auch auf den Drucker) auszugeben. Normalerweise ist das Argument der write-Anweisung vom Typ string. Dieser string-Wert wird dann beim Ausführen ohne Veränderung in eine neue Zeile geschrieben. Das gilt für jeden einzelnen in der write-Anweisung durch Komma abgetrennten Wert.

Sind die Werte vom Typ number oder bits, so werden vor der Ausgabe Standard-Konvertierungen vorgenommen. Zahlen werden in Exponentialdarstellung (technisch-wissenschaftliche Notation) ausgegeben und Bits-Werte als eine Folge von 32 T's oder F's (vgl. Kapitel 5). Auch diese Ausgaben erfolgen wie strings in eine einzelne Zeile. Will man Ausgaben schön setzen und z.B. mehrere Zahlen und zwischenliegenden Text in einer Zeile ausgeben, so muß man sich der Möglichkeiten der string-Manipulation in Comskee bedienen. Ferner gibt es für die Umsetzung (Konvertierung) von Zahlen und Bitketten in Strings fest eingebaute Konvertierungsfunktionen, die in Kapitel 5 eingehend behandelt werden [*1] .

Ist der Wert der write-Anweisung vom Typ set, so werden alle Elemente der Menge einzeln (Zeile für Zeile) ausgegeben. Die Reihenfolge des Ausdruckens ist dabei durch die lexikographische Ordnung der Elemente der Menge gegeben.

Wir fassen zusammen:

read Anweisung

*1: Das sind die Funktionen cns (Convert Number to String) und cbs (Convert Bits to String)).

Sie besteht aus dem Schlüsselwort read gefolgt von (evtl.) mehreren, durch Komma abgetrennten Variablen (das ist äquivalent zu einer Folge von einzelnen read-Anweisungen). Der Einlesevorgang geschieht typ-abhängig.

write-Anweisung

Sie besteht aus dem Schlüsselwort write gefolgt von (evtl. mehreren, durch Komma abgetrennten) Ausdrücken. Für jeden solchen Ausdruck wird der Wert - evtl. nach einer Konvertierung - in eine eigene Zeile gedruckt, bzw. - im Falle einer Menge - in soviele Zeilen, wie die Menge Elemente hat.

4.1.4 Die Leeranweisung

Die einfachste Struktur überhaupt ist die Leeranweisung (das Dummystatement). Sie besteht aus nichts. Sie wurde nicht aus mathematischer Perfektion heraus geboren, sondern sie hat ihre praktische Daseinsberechtigung. Es ist sogar so, daß die Leeranweisung in den meisten Programmen tatsächlich auch vorkommt, sie aber nur kaum auffällt, da sie ja aus "nichts" besteht.
Syntax der Leeranweisung:

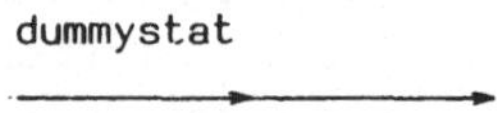

dummystat

——→——→

Dazu muß man wissen, daß zwei aufeinanderfolgende Anweisungen (statements) durch ein Semikolon (Strichpunkt) zu trennen sind. Beim Schreiben ist es aber oft viel einfacher, hinter jede Anweisung ein Semikolon zu schreiben, auch wenn hintendran z.B. ein <u>end</u> oder ein <u>else</u> folgt, in diesem Fall befindet sich dann formal zwischen dem letzten Semikolon und dem <u>end</u> eine Leeranweisung.

In den nächsten Abschnitten wollen wir uns den Anweisungen für die (einfache) Ablaufkontrolle zuwenden. Hierzu gehören

- bedingte Anweisungen
- Alternation und Mehrfachverzweigungen

- Schleifen mit verschiedenen Arten der Kontrolle
- Sprünge

4.2 Fallunterscheidungen: Bedingte Anweisung, Auswahlanweisung

Die nun zu behandelnden Ablaufkontrollmechanismen werden dann eingesetzt, wenn in einem Programm von dem Anweisung-für-Anweisung-Schema mit einfachen Anweisungen abgewichen werden soll.

Soll irgend ein Anweisungsteil nur unter der Bedingung, daß ein bestimmtes Prädikat erfüllt ist, ausgeführt werden, so benutzt man das if-statement. Seine Syntax ist wie folgt:

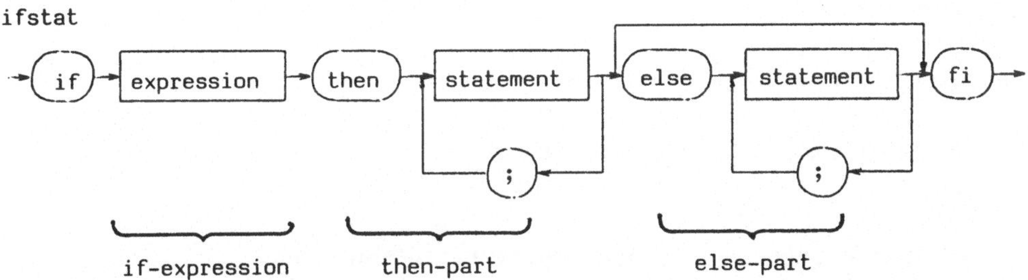

Man beachte, daß der else-Part fehlen kann. Bei der if-Anweisung muß der if-Ausdruck einen Wert vom Typ bits liefern. In Abhängigkeit von diesem Wert wird der then-Teil oder, soweit vorhanden, der else-Teil ausgeführt. Das exakte Kriterium für die Ausführung des then-Teils ist, ob das erste Bit in dem Wert des if-Ausdrucks gesetzt (="T") ist.

Normalerweise wird man als if-Ausdruck einen Vergleich (z.B. A<=B) oder eine Reihe solcher Prädikate, verbunden mit and und or, haben (z.B. A<=B and B<=C). In diesen Fällen ist die Bedeutung der if-Anweisung genau so, wie sie sich liest. Also z.B. ist die Bedeutung von

```
if A<=B and B<=C
  then write 'B liegt zwischen A und C';
  else write 'B liegt nicht zwischen A und C';
fi
```

so, daß "falls (der Wert von) A kleinergleich (dem Wert von) B ist und (...) B kleinergleich (...) C ist, so wird der Text

'B liegt zwischen A und C'

ausgegeben, andernfalls wird der Text

'B liegt nicht zwischen A und C'

ausgegeben".

Innerhalb des then- und des else-Teils darf eine Liste von Anweisungen stehen, die - wie üblich - durch Semikolon voneinander getrennt werden. Auch in dem obigen Beispiel stehen dort jeweils zwei Anweisungen, je ein write-Anweisung und eine Leeranweisung. Diese Vorgehensweise, die darin besteht, die letzte echte Anweisung in einer Anweisungsliste durch ein Semikolon abzuschließen, hat durchaus ihre Berechtigung. Oft nämlich ändert man sein Programm, indem man noch eine Zeile, d.h. eine Anweisung hinzufügt, und das auch z.B. vor einem fi. Häufig vergißt man dabei zu überprüfen, ob die vorhergehende Anweisung mit einem Semikolon abgeschlossen ist.

Noch einige Beispiele für if-Anweisungen:

```
if '*' partof S then T := T cat S;
fi

if 'XY' partof S(5:10) and S(5:'XY') leftend 'ABC'
  then write 'XY-Bedingung erfüllt mit' cat S(5:'XY');
  else write 'XY-Bedingung verletzt, S = ' cat S;
fi

if Y≠0 then X:=1/Y;
else
  write '+++++ Division durch 0';
  X := 0;
fi;
```

Es kommt recht häufig vor, daß man in einem Programm nicht nur nach zwei Alternativen unterscheiden will (eine bestimmte Bedingung ist erfüllt bzw. verletzt), sondern daß man aus einer Reihe von verschiedenen, fest vorgegebenen Möglichkeiten auswählen will. Selbstverständlich kann man diese Aufgabe mit entsprechend vielen if-Anweisungen lösen. Aber viel eleganter ist dies möglich mit der case- oder Auswahl-Anweisung:

Auch hier wieder zuerst die Syntax, die schon vergleichsweise kompliziert ist:

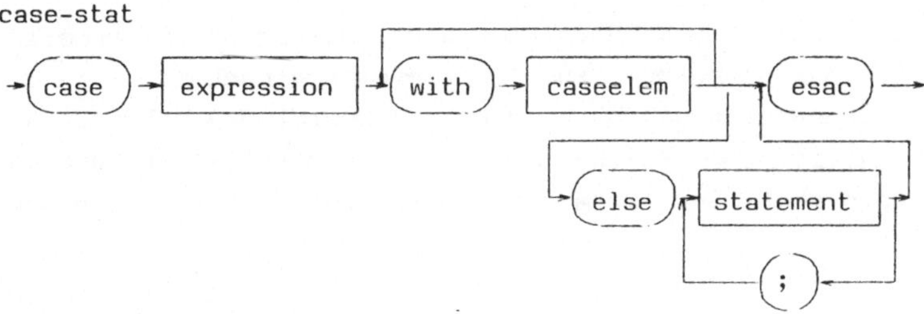

dabei ist

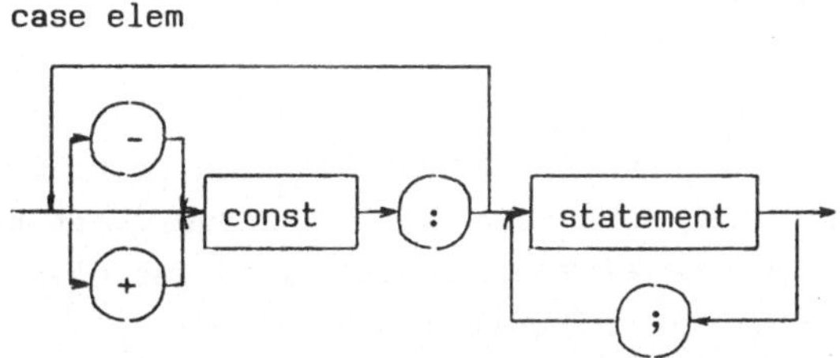

Es folgt gleich ein Beispiel, an dem man sich die Syntax erklären kann:

```
case BU
with 'A': 'E': 'I': 'O': 'U':
  write BU cat ' ist Großbuchstabe und Vokal';
with 'a': 'e': 'i': 'o': 'u':
  write BU cat ' ist Kleinbuchstabe und Vokal';
else
  write BU cat ' ist kein Vokal';
esac
```

Bedeutung (Semantik) dieses Beispiels:

Ist der Wert des case-Ausdrucks, das ist hier der Wert der Variablen BU (wie "Buchstabe"), gleich dem Wert einer der Stringkonstanten 'A','E','I','O' oder 'U', d.h. einer der Großbuchstaben-Vokale, so wird die Anweisungsliste des ersten with-Elements, die aus einer write-Anweisung und einer Leeranweisung besteht, ausgeführt. Trifft das nicht zu, sondern ist der Wert einer der string-Konstanten 'a','e','i','o' oder 'u', d.h. mit einem Kleinbuchstaben-Vokal, so wird die entsprechende Anweisungsliste des zweiten with-Elements ausgeführt, die wiederum aus write-Anweisung und Leeranweisung besteht. Fand auch mit der zweiten (und letzten) Konstantenliste keine Übereinstimmung statt, so wird der hier vorhandene else-part ausgeführt, der auch, wie schon die anderen Teile, aus einer write-Anweisung und einer Leeranweisung besteht.

In Form von if-Anweisungen hätte dieses Beispiel das folgende Aussehen, wobei der Vergleich noch stärker zu Ungunsten der if-Anweisung ausgefallen wäre, wenn statt der Variablen BU ein komplizierter Ausdruck stehen würde:

```
if BU='A' or BU='E' or BU='I' or BU='O' or BU='U' then
  write BU cat ' ist Großbuchstabe und Vokal';
else
  if BU='a' or BU='e' or BU='i' or BU='o' or BU='u' then
    write BU cat ' ist Kleinbuchstabe und Vokal';
  else
    write BU cat ' ist kein Vokal';
  fi;
fi;
```

Aus diesem Beispiel kann man sich schon die allgemeine Semantik der case-Anweisung ableiten, sie sei aber der Vollständigkeit halber noch ausformuliert. Die Abarbeitung einer case-Anweisung geschieht zur Laufzeit des entsprechenden Programms folgendermaßen:

Zuerst wird der case-Ausdruck ausgewertet, d.h. sein Wert wird bestimmt. Dieser Ausdruck kann vom Typ string, number oder bits sein und muß im Typ übereinstimmen mit allen Konstanten der Konstantenlisten der zugehörigen, nachfolgenden case-Elemente. Hierbei dürfen Zahlkonstanten, und nur diese, ein Vorzeichen (+ oder -) haben. Nachdem also der Wert des case-Ausdrucks bestimmt ist, wird dieser nachfolgend und der Reihe nach mit allen Konstanten der zugehörigen case-Elemente verglichen, bis die erste Übereinstimmung auftritt. (Sinnvollerweise sollte keine Konstante hier mehrfach auftreten, es findet aber keine entsprechende Überprüfung durch den Compiler statt).

Die Anweisungsliste desjenigen case-Elements, bei dessen Konstantenliste eine Übereinstimmung stattgefunden hat, wird dann ausgeführt. Mit dieser Ausführung ist das case-statement abgearbeitet, d.h. es wird anschließend mit der Anweisung nach dem esac weitergearbeitet. Trat gar keine Übereinstimmung mit irgendeiner der Konstanten auf, so wird - falls vorhanden - die Anweisungsliste des else-Teils ausgeführt. Ist sie nicht vorhanden, so wird in dem letzten Fall nichts ausgeführt (außer natürlich der anfänglichen Auswertung des case-Ausdrucks).

<u>Aufgabe</u> 4.1:

a) Man schreibe ein Programmstück, das 'weiss' ausdruckt, falls eine string-Variable S den Wert 'schwarz' hat und sonst 'schwarz' ausdruckt.

b) wie a), nur soll 'schwarz' nur dann ausgedruckt werden, wenn der Wert von S gleich 'weiss' ist. Man gebe zwei Lösungen an (mit if und mit case).

4.3 Schleifen

4.3.1 Motivation

Als nächste Gruppe von Anweisungstypen wollen wir die Schleifen behandeln. Diese werden prinzipiell immer dann angewandt, wenn ein Vorgang (dargestellt durch den Schleifenrumpf) mehrfach ("iteriert") ausgeführt werden soll. Allerdings soll dieser Vorgang im Normalfall nicht unendlich oft ausgeführt werden, das hieße nämlich, daß das Programm nie fertig würde, sondern nur eine bestimmte Anzahl oft. Es kann nun vorkommen, daß diese Anzahl schon bei Schleifeneintritt festliegt oder auch, daß erst während der Abarbeitung der Schleife ein bestimmtes Schleifenkriterium (Abbruchkriterium) erfüllt wird. Zu diesen verschiedenen Situationen gibt es auch verschiedene Kontrollmechanismen, mit denen man bestimmen kann, zu welchem Zeitpunkt die Bearbeitung der Schleife enden soll.

4.3.2 Die for-Schleife

Als erstes wäre hier das for-Konstrukt zu nennen.
Beginnen wir mit einem Beispiel, in dem ein for-Konstrukt in einem Programmstück verwandt wird, das die Vokale in einem string zählt:

```
AnzVokale := 0; /* In dieser number-Variablen wird die
                   Anzahl der Vokale gezählt */
for I from 1 to #S
loop  /* für alle Zeichenpositionen in S tue */
  if 'AEIOUaeiou'.S(I)>0
    /* Kriterium ob S(I) ein Vokal ist */
  then AnzVokale := AnzVokale + 1
  fi
pool
```

Der Schleifenrumpf wird also genauso oft ausgeführt, wie der Wert der Variablen S (als String) lang ist. Dabei erhält die (number-) Variable I die Werte 1,2,3 usw. bis zum Wert #S (Endwert). Insbesondere, ist S der

Leerstring, d.h. #S=0, so wird die Schleife überhaupt nicht ausgeführt. (Das Ergebnis, AnzVokale, hat dann auch den richtigen Wert, nämlich 0).

Im Schleifenrumpf wird die Position von S(I) in der Stringkonstanten 'AEIOUaeiou' bestimmt und überprüft, ob dieser Wert > 0 ist. Der Positionsoperator "." ist gerade so definiert, daß er als Ergebnis 0 liefert, falls der Suchstring im Quellstring überhaupt nicht vorkommt. Der Suchstring ist hier S(I), d.h. dasjenige Zeichen aus dem aktuellen Wert von S, dessen Position gleich dem Wert von I ist ("I-ter Buchstabe von S"). [*1] D.h. insgesamt gesehen, werden alle Zeichen von S nacheinander überprüft, ob sie in dem string 'AEIOUaeiou' vorkommen. Im affirmativen Fall wird der Wert der Variablen AnzVokale um 1 erhöht. Nach Ausführung des gesamten Programmstückes ist in dieser Variablen also tatsächlich die Anzahl der Vokale, die im aktuellen Wert von S vorkommen, gespeichert.

Doch wollen wir uns jetzt zunächst der Syntax der for-Schleife zuwenden:

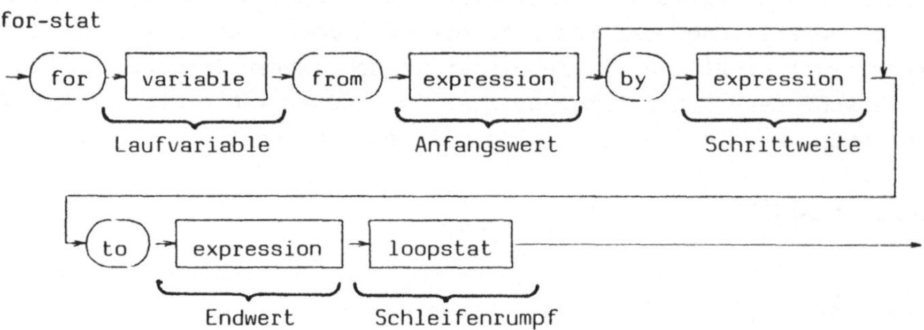

*1: Besserer Stil wäre die Abfrage if S(I) partof 'AEIOUaeiou' ... gewesen, aber hier sollte auch einmal die Verwendung des Positionsoperators illustriert werden

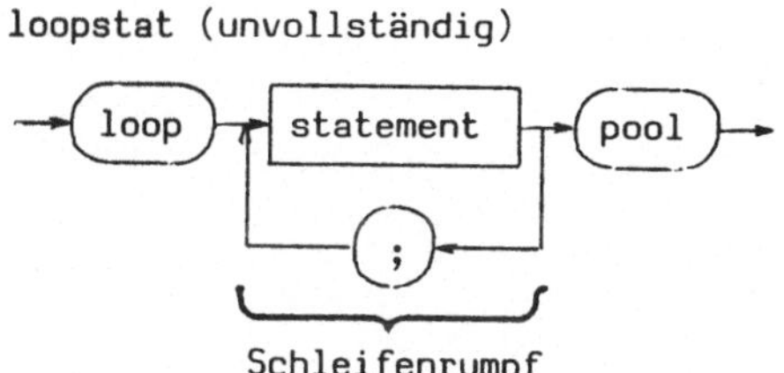

wobei

Es fällt auf, daß die Angabe einer Schrittweite fakultativ ist, im Beispiel wurde sie auch weggelassen. Ist keine Schrittweite angegeben, so wird Schrittweite 1 angenommen. Darüberhinaus sind für den Anfangswert, die Schrittweite und den Endwert beliebige Ausdrücke, die aber einen Wert vom Typ Number ergeben müssen, zugelassen. Diese Werte werden zu Beginn der Ausführung der for-Anweisung ausgewertet und gespeichert. Vor jedem Ausführen des Schleifenrumpfes wird überprüft, ob die Laufvariable den Endwert noch nicht überschritten hat. Ist das hingegen der Fall, so wird mit der Bearbeitung der auf die for-Anweisung folgenden Anweisung fortgefahren. Die Laufvariable hat den Endwert dann überschritten, wenn

- ihr Wert größer als der Endwert ist und der Wert der Schrittweite >0 ist
- ihr Wert kleiner als der Endwert ist und der Wert der Schrittweite <0 ist
- ihr Wert gleich dem Endwert ist und der Wert der Schrittweite =0 ist

<u>Beispiele</u> :

Die Laufschleife

```
for I from 1 to 27
loop
  ...
pool
```

wird ausgeführt nacheinander für die Werte

1,2,3,...24,25,26,27 von I.

Die Laufschleife

```
for J from 30 by -2 to 0
loop
   ...
pool
```

wird ausgeführt für die Werte
30,28,26,24...4,2,0 von J

Ist die Schrittweite gleich 0, und Anfangs- und Endwert verschieden, so wird eine Endlosschleife ausgeführt, was natürlich auch einfacher zu erhalten ist. Aus diesem Grunde sollte die Schrittweite immer ungleich 0 sein.

4.3.3 Schleifen mit Bedingungen

Es wurde oben schon erwähnt, daß die Syntax für den Schleifenrumpf komplexer ist als bisher angegeben. Man kann nämlich eine Schleife sowohl am Schleifenanfang, als auch am Schleifenende mit Abbruchkriterien versehen.

Die vollständige Syntax für eine Schleifenanweisung lautet also:

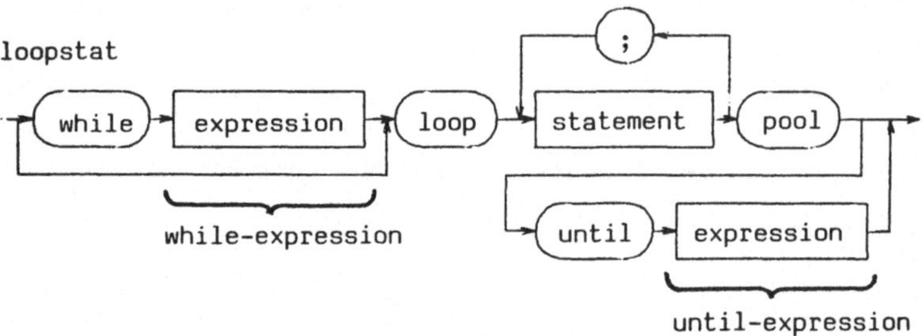

Hierbei müssen sich die Ausdrücke in den (fakultativen) while- und until-Teilen zu einen Wert vom Typ bits berechnen.

Die Semantik einer Schleifenanweisung ist damit folgendermaßen (bei einer Schleife ohne for-Teil):

1. Werte- falls vorhanden - den while-Ausdruck aus.
   Liefert er "wahr" (erstes Bit= "T"), so fahre fort mit 2., anderenfalls beende die Abarbeitung dieser Schleife.
2. Führe den Schleifenrumpf aus. Dieser darf natürlich auch eingeschachtelte Schleifen usw. enthalten.

3. Werte - falls vorhanden - den until-Ausdruck aus. Liefert er wahr (wie oben), so beende die Abarbeitung der Schleife.
4. Wiederhole die Schritte 1 bis 3, bis eines der Abbruchkriterien erfüllt ist oder die Schleife anderweitig verlassen wird.

Ein Beispiel für eine until-Schleife:

```
loop
  read S;
  write S;
pool until S='';
```

Diese Schleife wird so oft ausgeführt, d.h. ein string-Wert eingelesen und wieder ausgegeben, bis der eingelesene Wert der Leerstring war.

Ein Beispiel für eine while-Schleife (A und B seien als number-Variablen deklariert):

```
while A¬=B
loop
  if A<B then B := B - A;
        else A := A - B;
  fi;
pool;
```

Diese Schleife wird solange ausgeführt, wie die Werte von A und B verschieden sind [*1] . Man beachte, daß ein echter Unterschied zwischen den while- und den until-Schleifen besteht. Hätte man die obige until-Schleife einfach durch eine while-Schleife mit negiertem Prädikat ersetzt, so hätte man zusätzlich noch dafür sorgen müssen, daß die Variable S vor Schleifeneintritt einen Wert ungleich Leerstring besitzt. In ähnlicher Weise bei dem while-Beispiel hätte die Veränderung der while-Schleife in eine until-Schleife - d.h. in die Konstruktion loop ... pool until A=B - ein anderes Ergebnis gebracht. Im Falle, daß A und B schon zu Schleifeneintritt die gleichen Werte besitzen, wäre A auf 0 gesetzt worden.

Um die Kombinationsmöglichkeiten besonders drastisch zu demonstrieren, geben wir hier noch ein Beispiel an, bei dem alle (bisher behandelten) Kontrollierungsarten bei Schleifen gleichzeitig eingesetzt werden. Die

*1: Es handelt sich um ein einfaches Schema zur Berechnung des größten gemeinsamen Teilers von zwei ganzen, positiven Zahlen, das Ergebnis wird z.B. in der Variablen A zurückgeliefert

folgende Schleife

```
for I from 1 to 17
while J<=N
loop
   ...
   ...
   ...
pool until K=M
```

wird abgebrochen, falls

a) (Der Wert der Variablen) I über 17 gezählt werden soll, also nach spätestens 17 Schleifendurchläufen.

oder

b) (Der Wert der Variablen) J größer als (der Wert der Variablen) N bei Schleifeneintritt ist

oder

c) (Der Wert der Variablen) K gleich (dem Wert der Variablen) M bei Schleifenende ist.

Das andere Extrem wird von der Schleife ohne (direktes) Abbruchkriterium gestellt, d.h. die nackte loop-pool-Schleife. Sie stellt, für sich genommen, tatsächlich eine Endlosschleife dar, d.h. ein Schleifenabbruch hat in einer Anweisung im Schleifenrumpf zu erfolgen. Die dafür angebrachten Sprachmittel werden wir in späteren Abschnitten noch behandelt (z.B. das return).

4.3.4 Die foreach-Schleife

Um alle Elemente einer Menge (dargestellt durch eine Variable oder einen Ausdruck vom Typ set) zu durchmustern, gibt es noch eine spezielle Konstruktion, die an die for-Schleife angelehnt ist. Ihre Syntax lautet

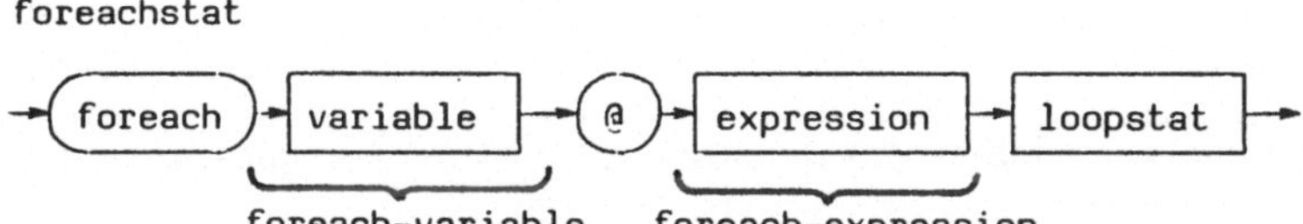

Dabei muß die foreach-Variable vom Typ string sein, der foreach-Ausdruck vom Typ set. In Analogie zur for-Anweisung wird bei der foreach-Anweisung der Schleifenrumpf mehrfach ausgeführt, wobei die foreach-Variable nacheinander und in lexikographischer Reihenfolge alle Werte der Elemente der foreach-Menge annimmt. [*1]

Betrachte das Programmstück

```
S := '*';
foreach E @ M
loop
  S := S cat E cat '*'
pool;
```

wobei S und E vom Typ string, M vom Typ set seien. In diesem Programmstück werden alle Elemente von M miteinander in lexikographischer Reihenfolge konkateniert, getrennt jeweils durch einen Stern, der auch am Anfang und am Ende steht. Dieser Wert steht nach Durchlauf der Schleife in S.

4.3.5 Zusammenfassung

Damit haben wir alle Spielarten von Laufanweisungen in Comskee kennengelernt, fassen wir sie noch einmal in einem Syntaxdiagramm zusammen:

*1: Das ist ein rein lesender Vorgang auf einer - zumindest virtuellen - Kopie der foreach-Menge. Eine Änderung der foreach-Variablen bewirkt keine Veränderung der foreach-Menge, eine Veränderung der foreach-Menge innerhalb der foreach-Schleife beeinflußt nicht die aktuelle Durchlaufliste.

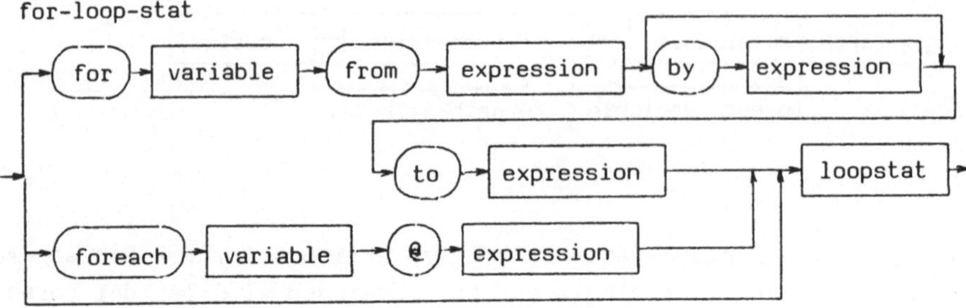

Aufgabe 4.2:

Man schreibe ein Programmstück, das in einer string-Variablen S alle 'e's durch 'E's ersetzt, ohne die im nächsten Paragraphen einzuführende replace-Anweisung zu benutzen.

Aufgabe 4.3:

Man überlege sich, wie man eine nur durch until kontrollierte Schleife durch eine solche ersetzen kann, die nur durch ein while kontrolliert wird.

4.4 Die Replace-Anweisung

Mit dieser Anweisung ist es möglich, in einer Stringvariablen das erste, das letzte oder alle Vorkommen eines Suchstrings durch einen Zielstring zu ersetzen. Die Syntax der replace-Anweisung ist wie folgt:

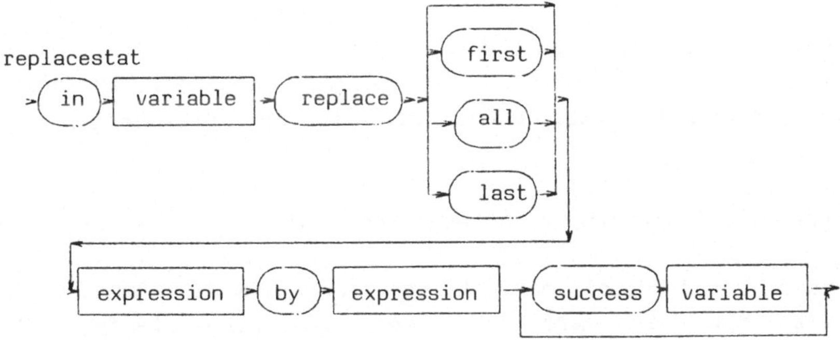

So wird mit der Anweisung

in S replace all 'a' by 'o'

aus S='abrakadabra' der Wert 'obrokodobro'. D.h. in der replace-Variablen S werden alle 'a'-s durch 'o'-s ersetzt [*1] . Bei der Semantik der replace-Anweisung ist zu beachten, daß die replace-Variable, der Suchstring und der Zielstring vom Typ string sein müssen. In dem Falle, daß ein success-Teil vorhanden ist, muß die success-Variable vom Typ number sein. Sie erhält als Wert die Anzahl der durchgeführten Ersetzungen. D.h. im first- oder last-Modus, bei denen höchstens das erste bzw. letzte Vorkommen des Suchstrings ersetzt werden, entweder 1 oder 0, je nachdem ob der Suchstring gefunden wurde oder nicht.

Im Gegensatz zu dem obigen Beispiel können der Such- und der Ersetzstring beliebige string-Werte sein, also nicht notwendig einbuchstabig. Auch brauchen sie nicht die gleiche Länge zu haben. Wie bei einer Teilstringersetzung werden unterschiedliche Längen dynamisch ausgeglichen.

Im all-Modus werden alle überlappungsfreien Vorkommen des Suchstrings in der replace-Variablen ersetzt. D.h. daß man z.B. die folgende Konstruktion braucht, um in einer string-Variablen S alle Mehrfach-Blanks durch einzelne Blanks zu ersetzen:

*1: Aber z.B. der Wert 'ABRAKADABRA' wird unverändert gelassen, da in ihm kein 'a' vorkommt

```
loop
  in S replace all '  ' /* Doppelblank */ by ' ' /* Blank */ success N
pool until N=0;
```

Hierbei ist N als number-Variable vorausgesetzt.

Die replace-Anweisung läßt sich auch gut dazu benutzen, die (überlappungsfreien) Vorkommen eines Suchstrings in einer string-Variablen zu zählen:

```
  in S replace all Pattern by Pattern success N;
```

S und Pattern sind dabei als string-Variable, N als number-Variable vorausgesetzt. Nach der Ausführung dieser Anweisung, die den Wert der Variablen S unverändert läßt, enthält N als Wert die Anzahl der Vorkommnisse des Wertes von Pattern im Wert von S.

4.5 Die Sprung-Anweisung

Die Sprünge, oder goto's, sind "ein Kapitel für sich". In den frühen höheren Programmiersprachen (wie z.B. FORTRAN) und besonders in den Maschinensprachen (Assemblern) kommen die Programme ohne Sprünge nicht aus. Jede Schleife, jede Abfrage wird durch "sichtbare" Sprünge realisiert. Mit sichtbar ist gemeint, daß nicht ein impliziter, für den Benutzer unsichtbarer, Sprung gemacht wird, wie z.B. vom Ende eines then-Teils um den else-Teil herum, sondern daß der Benutzer im Programm explizit hinschreibt "springe zur der und der Anweisung", um eine gewisse Folge von Anweisen zu überspringen. Mit der Zeit hat man erkannt, daß unkontrollierte, d.h. nicht vom System implizit erzeugte, Sprünge sehr viele Schwierigkeiten machen:

- Programme sind schlechter lesbar, man sieht z.B. nicht, von wo aus man eine bestimmte Einsprungstelle erreichen kann , es sei denn, man schaut sich das ganze Programm an. Anders z.B. bei Comskee-Schleifen. Auch hier steht das loop für eine Einsprungstelle, zu der aber nur vom korrespondierenden pool aus "hingesprungen" wird.

- Programme sind auch entsprechend schlechter verifizierbar (als korrekt beweisbar) und schließlich

- machen "unkontrollierte" Sprünge viele Optimierungen, die der Compiler vornehmen könnte, um die übersetzten Programme effizienter zu machen, unmöglich.

Aus diesen Gründen gab es Bestrebungen, Sprünge völlig aus Programmiersprachen zu verbannen und durch "saubere" Konstrukte, wie mehrfach kontrollierte Schleifen, case-Konstrukte u.ä. zu ersetzen. Der heutige Stand der Technik (besser der Philosophie) ist, daß man zwischen harmlosen und gefährlichen Sprüngen unterscheidet. Als harmlos gelten

- Sprünge ans Programmende und
- Sprünge aus Schleifen heraus an die nachfolgende Anweisung.

Durch sinnvolle Namensgebung der zugehörigen Sprungmarken ist dann auch der guten Lesbarkeit des Programms Genüge getan.

Im Hinblick auf die Möglichkeiten zur strukturierten Programmierung, die die Programmiersprache Comskee bietet, kann man sagen, daß es sich fast immer vermeiden läßt, Sprünge zu verwenden, ohne deshalb die Programme komplizierter schreiben zu müssen. Es ist im Gegenteil sogar so, daß Anfänger, die es von anderen Programmiersprachen her gewohnt waren, Sprünge zu verwenden (FORTRAN, BASIC), darüber erstaunt sind, wie sehr sich ihre Programme vereinfachen, wenn man die Sprünge darin durch höhere Sprachkonstrukte ersetzt.

Zu den expliziten Sprüngen gehören 2 Dinge:

- der Sprung ("goto") selbst und
- die Sprungmarke oder engl. label.

Dazu die Syntax

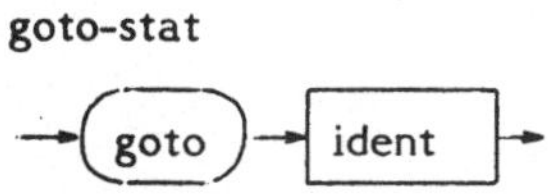

D.h. eine goto-Anweisung besteht aus dem Schlüsselwort goto und einem Bezeichner für das Sprungziel. Eine Sprungzielangabe stellt sich derart dar, daß jede Anweisung markiert werden kann mit einem Bezeichner, gefolgt von einem Doppelpunkt. Genauer können sogar mehrere solche Marken vor eine Anweisung gestellt werden, was aber im Normalfall nicht sinnvoll ist. [*1]

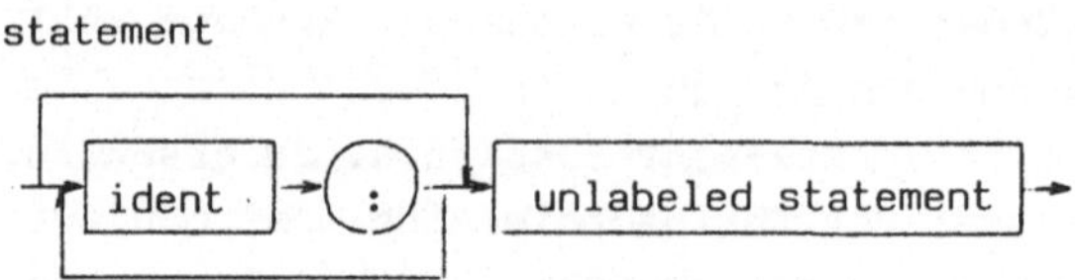

wobei unlabeled statement durch das folgende Syntaxdiagramm gegeben ist

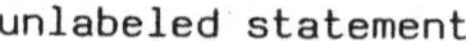

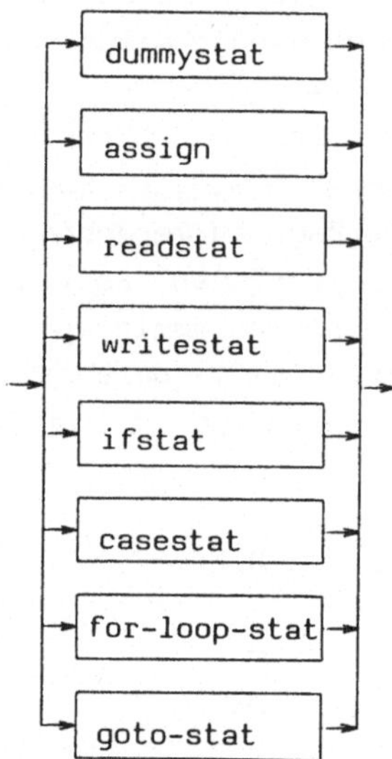

Im Extremfall kann man auch, wie im folgenden Beispiel, eine Leeranweisung markieren:

*1: Es kann sinnvoll sein im Zusammenhang mit dem Ausblenden von Anweisungen durch Kommentar

```
for I from 1 to #S
loop
   ..
   ...
   if 'aeiou'.S(I)=0
   then
     goto Naechstbuchst
   fi;
   ....
   ...
   ..
   Naechstbuchst:
pool
```

obwohl in diesem Falle das goto relativ "harmlos" (im obigen Sinne) ist, hätte es sich doch vermeiden lassen:

```
loop
for I from 1 to #S
loop
   ..
   ...
   if S(I) partof 'aeiou' /* auch das ist besser als oben */
   then
     ....
     ...
     ..
   fi
pool
```

V Konvertierungen

5.1 Motivation

Die write-Anweisung in Comskee kann zwar auch number- und bits-Werte ausgeben [*1] , aber dabei ergeben sich zwei Nachteile:

- es wird für jeden Wert genau eine Zeile benutzt, man kann also auf diese Art nicht zwei Zahlen in eine Zeile schreiben oder evtl. noch Text dazu
- Es gibt nur ein Standard-Format für die Ausgabe.

So bewirkt die Anweisung

```
write "T",17
```

folgende Ausgabe:

```
TFFFFFFFFFFFFFFFFFFFFFFFFFFFFFFF
1.7000000000E+001
```

Andererseits gibt es in Comskee sehr elegante und bequeme Möglichkeiten, Strings zu verarbeiten, also auch, um eine Ausgabe aufzubereiten. [*2]

Um jetzt auf einfache Art z.B. Darstellungen von Zahlen in einen Ausgabestring einzubauen, gibt es die Standard-Konvertierungsfunktion in Comskee. Die Namen dieser Funktion sind aus 3 Buchstaben aufgebaut, von denen der 1. ein C ist (für Conversion) und der 2. den Typ des Quelloperanden bezeichnet. (N für Number, S für Strings, B für Bits) und der 3. den Typ des Ergebnisses bezeichnet (wieder N, S oder B).
also z.B.

cns : Convert Number to String

---

*1: sich dieser Möglichkeit zu bedienen entspricht nicht der Comskee-Philosophie und wird deshalb auch nicht empfohlen

*2: Insofern ist das Fehlen von Formatiermöglichkeiten für die Ausgabe eher als Vorteil anzusehen: in den meisten Programmiersprachen ist das Erlernen und Benutzen der Formatsteuerung komplizierter als das der sonstigen Sprachmittel

Übersicht über die Konvertierungsfunktionen:

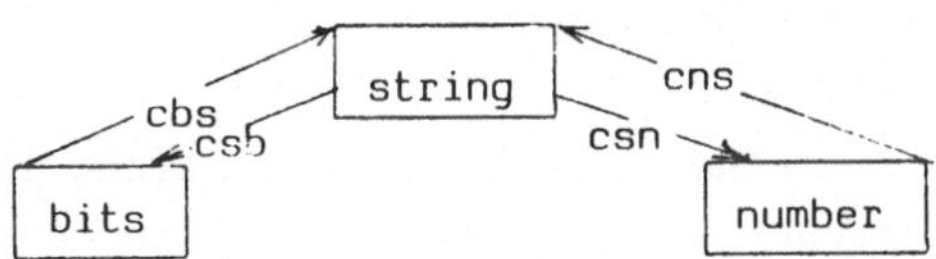

5.2 Die Konvertierungsfunktion cns

Die am häufigsten benutzte Konvertierungsfunktion dürfte cns (Convert Number to String) sein, mit der eine Zahl in einen sie darstellenden String gewandelt werden kann.
Ihre Syntax ist gegeben durch

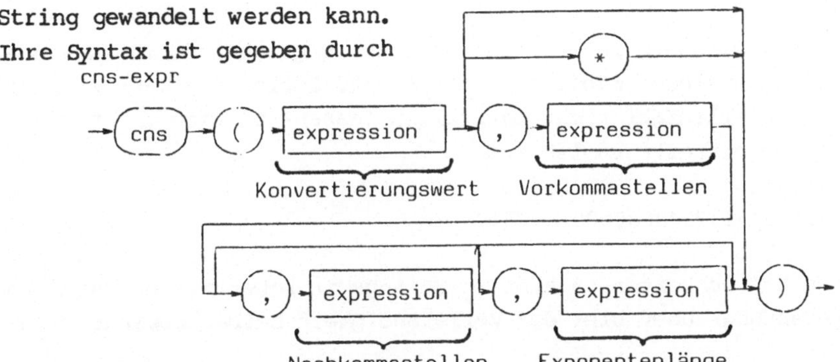

Man sieht, daß so eine einfache Konvertierung eine recht komplizierte Angelegenheit sein kann. Der einfachste Modus ist der Stern-Modus, dabei ist etwa

```
cns(17,*)='17'
oder
cns(-1732,*)='-1732'            [*1]
                               oder
                               cns(-17/4,*)='-4'
```

d.h. die zu konvertierende Zahl wird ganzzahlig auf- oder abgerundet

*1: In unseren Beispielen werden nur konstante Ausdrücke konvertiert, selbstverständlich können statt dessen im Programm beliebige Ausdrücke stehen.

und dann ohne zusätzliche Leerstellen, Dezimalpunkte etc. dargestellt. So ist

```
cns(1E20,*) = '100000000000000000000'
```

Die nächste, noch einfache Form der Konvertierung ist diejenige, bei der nur die Anzahl der Vorkommastellen (inkl. einem evtl.en Vorzeichen-Minus) angegeben wird. Hierbei wird die Zahl ganzzahlig gerundet, konvertiert und so lange mit Leerstellen links aufgefüllt, bis die angegebene Länge erreicht ist. Z.B.

```
cns(17,4)='  17'
oder
cns(-10/3,3)=' -3'
```

d.h. auch hier wird die Zahl zuerst ganzzahlig gemacht durch Auf- oder Abrunden. Das Minuszeichen zählt als Stelle mit. Sollte die Zahl sich mit der angegebenen Stellenzahl nicht darstellen lassen, so wird im Standardformat (s.u.) konvertiert, so ist z.B.

```
cns(1234,3)=' 1.2340000000E+003'
```

Die weiteren Möglichkeiten, Zahlen in Strings zu konvertieren, sind von geringerer Bedeutung, aber hier der Vollständigkeit halber erwähnt:

Ausgabe mit Vor- und Nachkommastelle:

```
cns(17,3,2)=' 17.00'
cns(3.14159,4,3)='   3.142'
```

Wie man aus dem letzten Beispiel sehen kann, wird auch in diesem Fall gerundet - und zwar auf soviele Nachkommastellen, wie der dritte Parameter des cns-Aufrufes angibt.

Wegen des zusätzlichen Dezimalpunktes gilt:

```
#(cns(n,j,k)) = j+1+k,
```

unter normalen Umständen, d.h. j, k ganzzahlig, >0 und n läßt sich mit j Vorkommastellen darstellen.

Die nächste Form ist die Gleitpunkt- oder Exponentialschreibweise, von Taschenrechnern her auch als technisch-wissenschaftliche Notation bekannt.

Bei dieser Form ist auch noch ein vierter Parameter vorhanden; er gibt die Länge des Exponententeils an. Zusätzlich ist in dieser Form an erster Stelle immer ein Blank oder ein Minuszeichen. So ist

```
cns(3.14159,2,3,2)=' 31.416E-01'
```

und es ist (unter normalen Umständen, analog zu oben)

```
#(cns(n,j,k,l)) = 1+j+1+k+2+l
```

mit

1 = Vorzeichen, bzw. Blank
j = Vorkommastellen
1 = Dezimalpunkt
k = Nachkommastellen
2 = E und Vorzeichen des Exponenten
l = Exponententeil

Der Teil vor dem E heißt übrigens Mantisse, der Teil nach dem E Exponent (vgl. 2.1.2, Zahlkonstanten).

Die letzte Form der Konvertierung ist das Standard-Format. Dies erhält man aus dem vorher besprochenen Format mit den Parametern j=1, k=10 und l=2 [*1] (ohne, daß man einen von diesen Formatparametern angeben müßte). D.h.

```
cns(n) = cns(n,1,10,2)
```

Beispiel über alle Spielarten des cns

Es sei: n=105.75

Ausdruck	Wert
cns(n)	' 1.0575000000E+02'
cns(-n,2,2,2)	'-10.58E+01'
cns(n,4,1)	' 105.8'
cns(-n,5)	' -106'
cns(n,*)	'106'
cns(-n,3)	'-1.0575000000E+02'

*1: Der Wert von l hängt von der Maschine und dem darstellbaren Zahlenbereich ab, ist aber im Normalfall =2

5.3 Die Konvertierungsfunktion csn

Die zu cns inverse Konvertierungsfunktion heißt csn. Ihr Parameter ist ein String, der eine Zahlkonstante gebildet nach den Comskee-Syntaxregeln darstellt [*1] . Zurückgeliefert wird der entsprechende Wert (als number!).

Syntax:

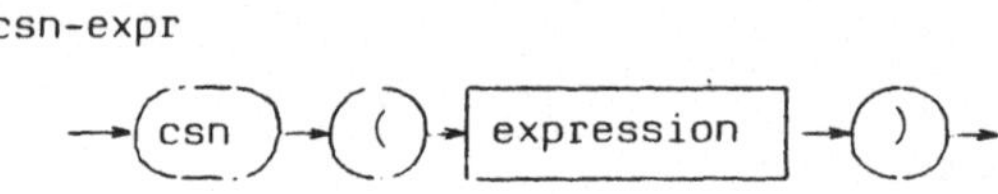

Also ist z.B.

cns('53.250')=53.25
oder
cns('1E6')=1000000

5.4 Die Konvertierungsfunktion cbs

Was cns für Zahlen, ist cbs für Bits-Ausdrücke. Die Syntax eines Aufrufs der Konvertierungsfunktion cbs ist wie folgt:

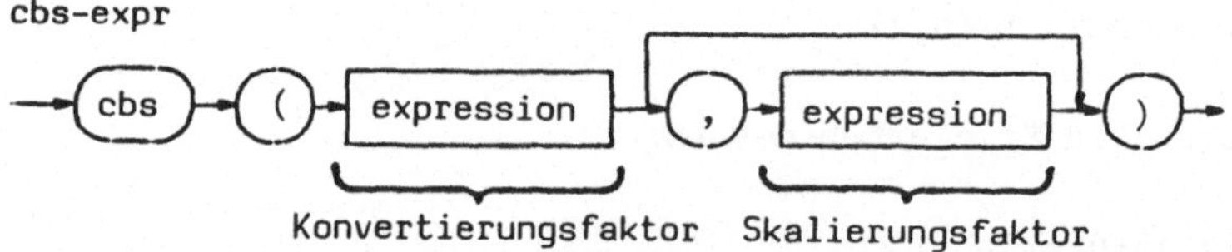

Dabei muß der Konvertierungswert ein Ausdruck vom Typ bits, der Pakkungsfaktor - so vorhanden - ein Ausdruck vom Typ number sein, der als Wert 1, 4 oder 8 ergibt. Dies sind die zulässigen Packungsfaktoren für

1 Bit pro Zeichen

*1: Ist das nicht so, so wird das Programm, in dem ein solcher Konvertierungsaufruf abgearbeitet werden soll, mit einem Laufzeitfehler abgebrochen

4 Bit pro Zeichen, bzw.
8 Bit pro Zeichen

Ist der Packungsfaktor nicht vorhanden, so wird 1 als voreingestellter Wert angenommen. Ist der Packungsfaktor 1 (oder nicht angegeben), so wird jedes Bit des Konvertierungswertes in 'T' (Bit gesetzt) oder 'F' (Bit nicht gesetzt) übersetzt. Es gilt

#cbs(b,1) = #cbs(b) = 32 (=32/1)

Ist der Packungsfaktor 4, so werden je 4 Bits des Konvertierungswertes zusammengefaßt und in eine sogenannte Sedezimalziffer [*1] übersetzt nach folgender Tabelle:

Bits-Wert	Sedezimale
FFFF	0
FFFT	1
FFTF	2
FFTT	3
FTFF	4
FTFT	5
FTTF	6
FTTT	7

Bits-Wert	Sedezimale
TFFF	8
TFFT	9
TFTF	A
TFTT	B
TTFF	C
TTFT	D
TTTF	E
TTTT	F

Entsprechend gilt dann:

#cbs(b,4) = 8 (=32/4)

Ist der Packungsfaktor 8, so werden je 8 Bits nach dem internen Code der Maschine (dieser ist maschinenspezifisch) in ein Zeichen umgewandelt. Entsprechend gilt:

#cbs(b,8) = 4 (=32/8)

*1: Auch hierbei taucht wieder ein F auf, das jetzt aber den Wert "TTTT" (im alten Sinne) repräsentiert.

Beipiele:

```
cbs("TTFT") = 'TTFTFFFFFFFFFFFFFFFFFFFFFFFFFFFF'
cbs("TTFT",4) = 'D000'
cbs("TTFFFFTTTTFTFTTFTTFTFTFFTTTFFFTF",8) = 'COMS' [*1]
cbs(not "TTFT",4) = '2FFF'
```

5.5 Die Konvertierungsfunktion csb

Diese Funktion ist invers zu cbs. Ihre Syntax ist jener sehr ähnlich:

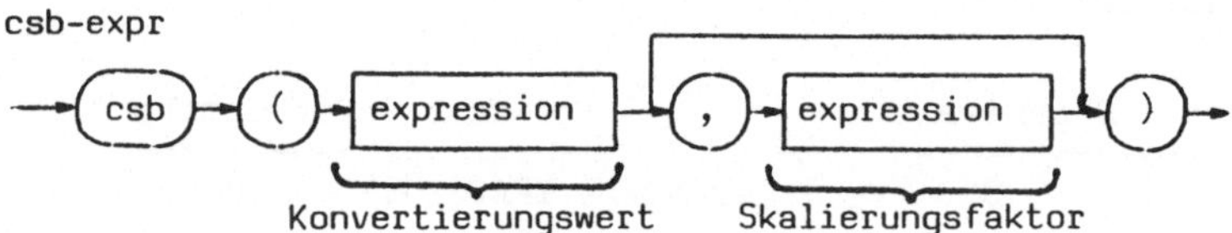

Der erste Parameter muß vom Typ string sein und

bei Packungsfaktor	aus diesen Zeichen bestehen
1 (bzw. nicht vorhanden)	'T' oder 'F' bzw. '1' oder '0' bzw. 't' oder 'f'
4	'0',...,'9' und 'A',...,'F' bzw. 'a',...,'f'
8	beliebig

Die Länge des ersten Parameters darf 32 bzw. 8 bzw. 4 nicht überschreiten, kürzere werden durch 'F', bzw. '0' bzw. das Zeichen mit Interncode für "FFFFFFFF" aufgefüllt.

Beispiel:

```
csb('TTFF') = "TT"
csb('AF',4) = "TFTFTTTT"
csb('FF',1) = "F" [*2]
```

*1: Dies gilt im EBCDI-Code, bei ASCII wäre das Ergebnis 'CVTb'

*2: auch hiermit soll die 3-Deutigkeit des F's aufgezeigt werden, je nachdem ob es als Bit, als Sedezimalziffer oder als Character-Zeichen zu interpretieren ist

```
csb('FF',4) = "TTTTTTTT"
csb('FF',8) = "TTFFFTTFTTFFFTTF" [*1]
```

Es gilt übrigens

```
csb(cbs(B,N),N) = B
```

für number-Werte N (=1,4 oder 8) und bits-Werte B. [*2]

*1: wieder im EBCDI-Code, in ASCII lautet der Wert "FTFFFTTFFTFFFTTF"
*2: Umgekehrt gilt die Gleichung i.a. nicht

VI Blöcke, Prozeduren und Programmstrukturen

In diesem Kapitel wird ein sehr wichtiges Sprachmittel behandelt, das ein fundamentales Strukturierungskonzept in Programmiersprachen darstellt.

6.1 Prozeduren und Funktionen

Die ursprüngliche Motivation zur Einführung von Prozeduren war die folgende:

Es tritt häufig auf, daß gleichartige Vorgänge in einem Programm an mehreren Stellen benötigt werden. Um nicht jedesmal das gleiche Programmstück, das diesen Vorgang abdeckt, an diese Stellen schreiben zu müssen, schreibt man stattdessen nur den Aufruf einer Prozedur ("call"), die dann ihrerseits lediglich einmal im Programm stehen muß. Zur Laufzeit des Programms wird ein solcher Prozeduraufruf derart abgearbeitet, daß zuerst dieses Programmstück ("der Rumpf der Prozedur") ausgeführt wird und anschließend direkt hinter dem Aufruf, von dem ausgegangen wurde, die Abarbeitung des Programms fortgesetzt wird.

In neuerer Zeit ist noch ein weiterer Aspekt in verstärktem Maße hinzugekommen, der die Verwendung von Prozeduren empfiehlt: die Strukturierung. Ein Programm ist sehr viel leichter (für den Menschen) lesbar, wenn in sich abgeschlossene (Teil-) Handlungen unter einem sie charakterisierenden Namen zu einer Prozedur zusammengefaßt sind und dann an der benötigten Stelle im Programm nur aufgerufen werden (selbst wenn dann im ganzen Programm nur ein einziger Aufruf dieser Prozedur steht).

Ganz nah verwandt mit den Prozeduren sind die Funktionen. Bei ihnen handelt es sich um Prozeduren, die (als Hauptzweck) einen Wert berechnen, der unter ihrem Namen verfügbar ist (vgl. etwa die sinus-Funktion). Man spricht deshalb hier von wertliefernden Unterprogrammen, im Gegensatz zu den "echten" Prozeduren, die als Zustandsverändernde Unterprogramme bezeichnet werden. Beide Arten wollen wir unter dem Begriff "Unterprogramm" zusammenfassen.

Als erstes Beispiel betrachten wir eine Funktion, die aus einem String Wörter extrahiert; und zwar sollen "Wörter" in einem String durch Blanks (Leerzeichen), bzw. String-Anfang/Ende begrenzte Teilstrings sein.

```
func string N_tes_Wort (string Satz; number N)
begin number I, Wort_Nr; string S;
  S := ' ' cat Satz cat ' '; /* An die Grenzen auch Begrenzer */
  Wort_Nr := 1; /* Beginne mit erstem Wort */
  for I from 1 to #S
  loop /* überprüfe alle Zeichen von S auf Leerzeichen */
    if S(I)=' ' then /* Ende eines Wortes erreicht */
      if Wort_Nr=N then return S(I+1:' ')
      fi;
      Wort_Nr := Wort_Nr+1;
    fi;
  pool; /* S besteht aus weniger als n Wörtern */
  return S(#S+1:); /* Das ergibt einen recovery-Leerstring
                      (Vgl. Kap. 2.4.3) */
end /* N_tes_Wort */
```

Ein Unterprogramm besteht aus einem

- Kopf, das ist hier die erste Zeile, bestehend aus der Identifizierung, daß es sich um eine Prozedur bzw. hier eine Funktion handelt, in diesem Fall auch noch aus der Angabe des Typs des zurückgelieferten Wertes, den Namen des Unterprogramms und einer (geklammerten) Parameterliste, die weiter unten besprochen wird

und aus einem

- Rumpf, das ist der zugehörige Block, d.h. alles, was zwischen dem begin und dem dazu korrespondierenden end liegt.

Wir fassen den syntaktischen Aufbau einer Funktionsdeklaration (so nennt man das nämlich) in einem Syntaxdiagramm zusammen.

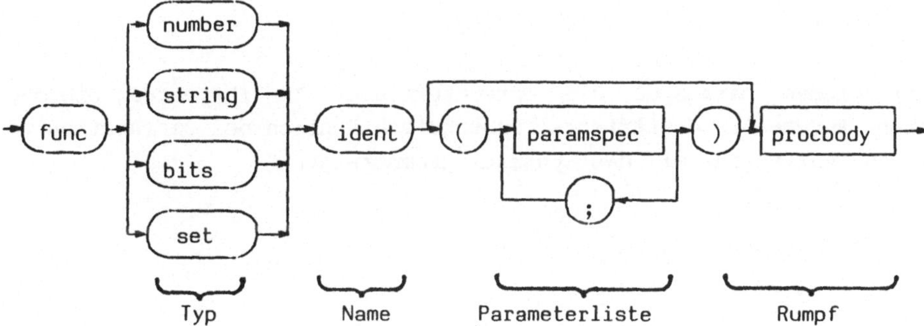

Der Unterschied liegt also darin, daß man bei den Parametern vom Typ string, number oder bits zusätzlich das Wortsymbol "value" angeben kann. Was das bedeutet, werden wir später sehen. Außerdem gibt es Unterschiede in der (später zu behandelnden) Array-Deklaration (arrdec) und Record-Deklaration (recdec).

6.2 Blöcke

In den Syntaxdiagrammen von funcdecl und procdecl trat über das Syntaxdiagramm procbody der Begriff Block auf. Es handelt sich dabei um eine abgeschlossene Liste von Anweisungen, die um eigene Deklarationen ergänzt ist. Auch ein gesamtes Comskee-Programm ist syntaktisch gesehen ein Block mit vorangestelltem Programmnamen. Ein Block hat folgende Syntax:

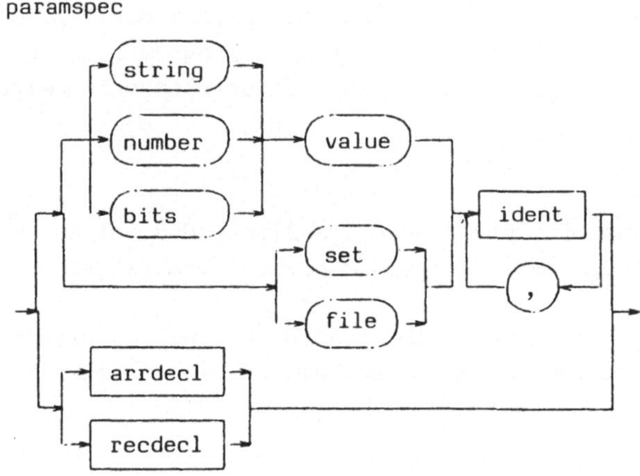

dabei bildet paramspec die Parameterliste. In ihr werden die sog. formalen Parameter deklariert, syntaktisch ähnlich der Deklaration von "normalen" Variablen, wie das Syntaxdiagramm zeigt.

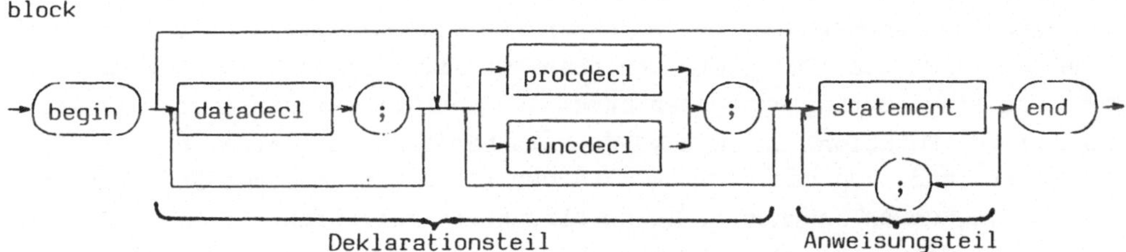

Ein Statement darf auch ein Block sein, also

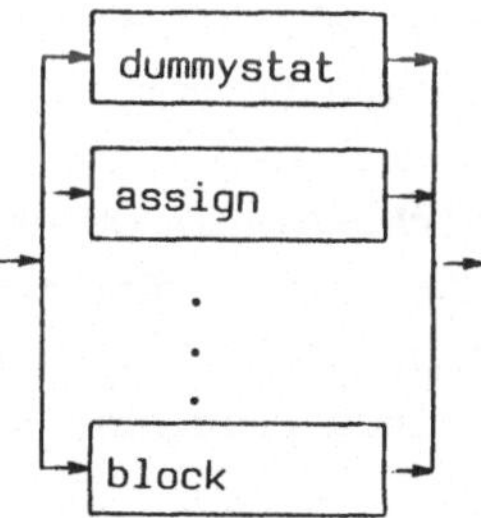

Eine sinnvolle Verwendung von Blöcken als Anweisungen werden wir im Zusammenhang mit Arrays noch kennenlernen.

Ein Block wird durch die Schlüsselwörter begin und end eingeschlossen (geklammert). Als erster Teil des Blocks tritt der Deklarationsteil, als zweiter der Anweisungsteil auf. Der Deklarationsteil wiederum besteht aus dem Teil für die Datendeklarationen und dem für die Prozedur- und Funktionsdeklarationen. Deklarationen werden jeweils mit einem Semikolon abgeschlossen. Ferner dürfen der Datendeklarationsteil und/oder der Prozedurdeklarationsteil auch fehlen. Auch der Statementteil kann leer sein, d.h. nur aus dem Dummy-Statement bestehen. (Dies ist sinnvoll zu Testzwecken während der Programmentwicklung.)

6.3 Gültigkeit und Sichtbarkeit von Namen

Ein wesentlicher Grund dafür, daß man Blöcke benutzt, ist der, daß man mit ihnen ein Mittel an der Hand hat, um die Gültigkeit von Namen in den einzelnen Teilen des Programms zu steuern. Gerade bei größeren Programmen oder bei solchen, die von mehreren Autoren stammen ("Teamwork"), ist es wichtig, daß man die Schnittstellen, d.h. die Berührungspunkte zwischen den einzelnen Programmteilen, so klein wie irgend möglich hält.

Nehmen wir das Beispiel von oben, wo wir eine Funktion für das n-te Wort in einem String angegeben haben. Nehmen wir weiterhin an, wir wollten diese Funktion in einem Programm benutzen, das etwa mehrere Sätze verwaltet und von dem aus man etwa das n-te Wort im m-ten Satz erfragen kann. Nun kommen in unserer Beispielfunktion Variablen mit Namen "I" und "J" vor. Gäbe es nur die globale Gültigkeit von Namen, so dürften im ganzen Programm keine Variablen mit Namen "I" und "J" mehr gebraucht werden. Wegen dem Prinzip der lokalen Gültigkeit aber muß derjenige, der diese Funktion in sein Programm übernimmt, sich lediglich den Funktionskopf ansehen, um zu wissen, wie der Name der Funktion ist und welche Parameter sie benötigt. Natürlich muß er vor allen Dingen wissen, was die Funktion tut, was in diesem Fall schon durch den Namen hinreichend beschrieben ist [*1] . Und er kann ferner auch Variablen mit Namen "I" und "J" benutzen, ohne daß irgendwelche Wechselwirkung mit evtl. vorhandenen Variablen oder sonstigen gleichbenamten Objekten auftreten können. Dieses Konzept unterstützt also das Prinzip der Lokalität, das besagt, daß man die Korrektheit eines Programms möglichst lokal erkennen können muß, auch wenn man den Gesamteffekt eines Programms nur dann verstehen kann, wenn man das ganze Programm kennt.

Die formale Vorschrift für die Gültigkeit von Namen ist die folgende: (Variablen-) Namen sind gültig in dem Block, in dem sie deklariert auftreten und in allen (eingeschachtelten) Unterblöcken. Sichtbar sind sie in allen denjenigen, in denen sie gültig sind, aber nicht in solchen, in denen ihr Name (neu) deklarierend auftrat und allen seinen eingeschachtelten Unterblöcken. D.h. sie sind auch hier noch gültig (insbesondere bleibt ihr Wert erhalten), sie werden aber von den im weiter innen liegenden Block deklarierten Variablen gleichen Namens verdeckt, sie sind also an dieser Stelle unsichtbar.

Andersherum ausgedrückt, wenn man z.B. zur Verwendung (Referenz) einer Variablen (oder einer Prozedur) die zugehörige Deklaration finden will, muß man im Programmtext vom aktuellen Standpunkt (der Referenz) aus alle umfassenden Blöcke von innen nach außen absuchen auf das Vorkommen einer entsprechenden Deklaration. Die erste, die man auf diesem Weg findet, ist

*1: Aber merke: "Namen sind Schall und Rauch", d.h. dadurch, daß man einen sinnvollen Namen an irgendetwas vergibt, ist noch lange nicht gewährleistet, daß sich dieses Ding auch so verhält oder das bedeutet, was der Name nahelegt. Die Namen sind lediglich eine Hilfe für den menschlichen Leser.

dann die zugehörige.

Beispiel eines Programms, das nur aus Blöcken, Datendeklarationen und Kommentaren besteht.

```
Block_Bsp: begin /* Block 1, Schachtelungstiefe 0 */
  string S, T, W, X, Y;
  begin /* Block 2, Schachtelungstiefe 1 */
    string S; number X;
    begin /* Block 3, Schachtelungstiefe 2 */
      string S; number U;
    end; /* Block 3 */
    /* Hier wieder in Block 2 */
    begin /* Block 4, Schachtelungstiefe 2 */
      number Y;
    end /* Block 4 */
  end; /* Block 2 */
  /* Hier wieder in Block 1 */
  begin /* Block 5, Schachtelungstiefe 1 */
    string U, V; bits T;
  end /* Block 5 */
end /* Block 1 */
```

In Form einer Tabelle werden wir nun angeben, in welchen Blöcken die einzelnen Variablen gültig und sichtbar (Sichtbarkeit impliziert Gültigkeit) sind. So sind die erste zwei Tabellenzeile so zu lesen, daß die in Block 1 deklarierte string-Variable S zwar in allen Blöcken gültig, aber nur in Block 1 und 5 sichtbar ist, wo hingegen die in Block 2 deklarierte string-Variable gleichen Namens in Block 2, 3 und 4 gültig, in Block 3 aber unsichtbar ist.

Name	Deklariert in Block	Typ	Gültig(o) bzw. sichtbar(x) 1	2	3	4	5
S	1	string	x	o	o	o	x
S	2	string		x	o	x	
S	3	string			x		
T	1	string	x	x	x	x	o
T	5	bits					x
U	3	number			x		
U	5	string					x
V	5	string					x
W	1	string	x	x	x	x	x
X	1	string	x	o	o	o	x
X	2	number		x	x	x	
Y	1	string	x	x	x	o	x
Y	4	number				x	

Name	Zugehöriger Deklarationsblock und Typ zu einer Referenz in Block									
	1		2		3		4		5	
	B-Nr	Typ	B-Nr	Typ	B-Nr	Typ	B-Nr	Typ	B-Nr	Typ
S	1	S	2	S	3	S	2	S	1	S
T	1	S	1	S	1	S	1	S	5	B
U		U		U	3	S		U	5	S
V		U		U		U		U	5	S
W	1	S	1	S	1	S	1	S	1	S
X	1	S	2	N	2	N	2	N	1	S
Y	1	S	1	S	1	S	4	N	1	S

Typ: S = string
N = number
B = bits
U = "unerreichbar", d.h. Referenz auf eine Variable dieses Namens ist in diesem Block nicht möglich

Noch 3 Bemerkungen zu diesem Komplex:

i) Gültigkeit und Sichtbarkeit von Namen, engl. "scope", ist nicht auf Datenvariablen beschränkt. Prozedurnamen, Funktionsnamen und Marken unterliegen den gleichen Gesetzen. Insbesondere überdeckt z.B. auch ein Prozedurname einen identischen Variablennamen.

ii) Daß die Variablen in diesem Beispiel samt und sonders Namen der Länge 1 aus dem hinteren Teil des Alphabets haben, ist im wesentlichen Zufall. Syntaktisch richtige Namen sind alle Zeichenreihen bestehend aus Buchstaben, Ziffern, Unterstrich und Dollar-Zeichen, die mit einem Buchstaben anfangen und nicht mit einem der Wortsymbole (begin, if, etc.) übereinstimmen.

iii) Formale Parameter, d.h. die Parameter einer Prozedur oder Funktion, wie sie in der Parameterliste deklariert werden, besitzen den gleichen Gültigkeits- und Sichtbarkeitsbereich wie im Prozedurrumpf deklarierte Variable.

6.4 Prozedurdeklarationen

Nach diesem Exkurs über die Gültigkeit von Namen, wollen wir uns wieder den Prozeduren zuwenden. Hier steht als erstes noch das Syntaxdiagramm für Prozedurdeklaration und -aufruf aus:

Die Deklaration einer Prozedur ist ähnlich der einer Funktion.

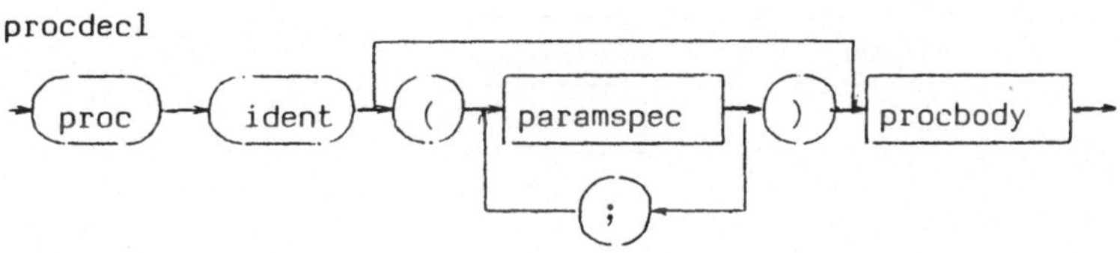

Der Unterschied zur Funktionsdeklaration besteht darin, daß für eine Prozedur kein Rückgabe-Wert-Typ festgelegt zu werden braucht, da eine Prozedur a priori nicht wertberechnend ist, sondern zustandsverändernd (möglicherweise auch an den Parametern), aber es gibt keinen direkten Rückgabewert.

Beispiel für eine Prozedurdeklaration

```
proc Tue_Es (string Param; number value Nummer)
begin /* Hierdrin der Block von Tue_es */
  :
  :
end; /* Tue_Es */
```

6.5 Prozedur- und Funktionsaufruf

Beginnen wir hier mit den Syntaxdiagrammen:

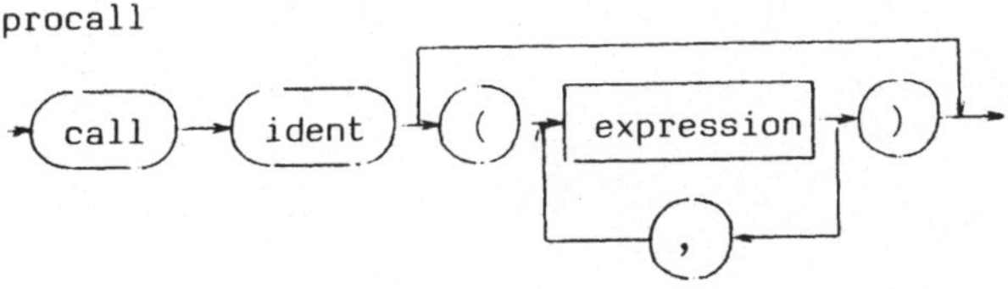

funccall

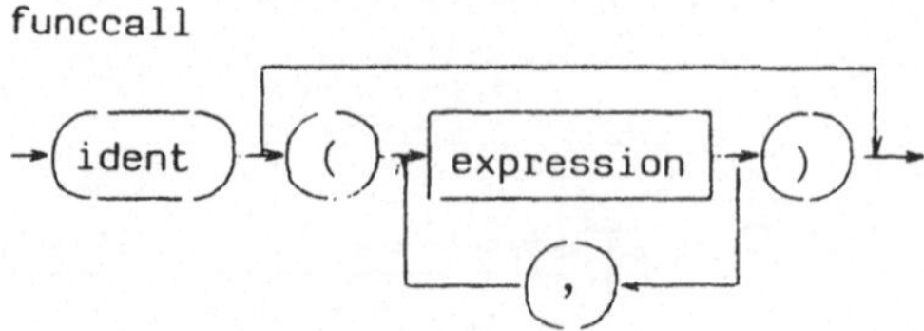

Die beiden Aufrufarten unterscheiden sich also syntaktisch nur dadurch, daß ein Prozeduraufruf mit dem Schlüsselwort call eingeleitet wird. Die beiden Aufrufarten kommen aber in sehr verschiedenen Umgebungen vor: ein Prozeduraufruf stellt eine der Formen der Anweisung dar, was aus dem folgenden Syntaxdiagramm zu ersehen ist.

unlabeled statement

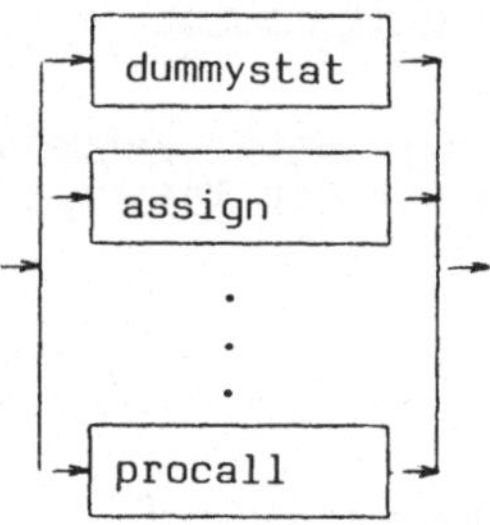

Dagegen wird bei einem Funktionsaufruf ein Wert zurückgeliefert. Ein Funktionsaufruf kommt also irgendwie innerhalb eines Ausdrucks (expression) vor, genauer ist funcall eine Teilalternative im Syntaxdiagramm factor:

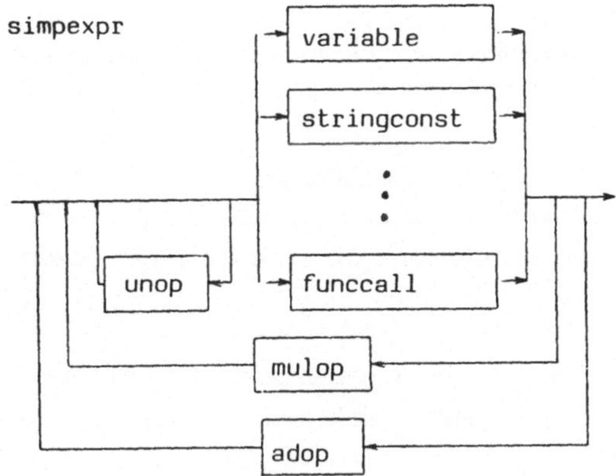

Beispiele für Unterprogrammaufrufe

Die Funktion N_tes_Wort vom Anfang dieses Kapitels und die Prozedur Tue_Es können etwa folgendermaßen aufgerufen werden, wobei vorausgesetzt ist, daß Akt_Satz als string- und Akt_N als number-Variable deklariert sind:

```
read Akt_Satz, Akt_N;
write 'Das ' cat cns(Akt_N,*) cat '-te Wort von',
      Akt_Satz,
      'lautet: ' cat N_tes_Wort(Akt_Satz,Akt_N);

call Tue_Es(Akt_Satz, Akt_N + 3);
```

Nachdem der syntaktische Rahmen soweit abgeklärt ist (weitere Beispiele folgen noch), müssen wir noch die Semantik von Funktionen und Prozeduren behandeln.
Beim Aufruf einer Prozedur bzw. Funktion ist folgendes zu beachten, was nicht durch die in den Syntaxdiagrammen enthaltenen Vorschriften ausgedrückt wird:

1. Der Aufruf eines Unterprogramms muß im Gültigkeits- und Sichtbarkeitsbereich der zugehörigen Deklaration liegen.

2. Die Länge der Parameterliste beim Aufruf, d.h. die Anzahl der sog. **aktuellen** Parameter, muß mit der Länge der Parameterliste bei der Deklaration, d.h. der Anzahl der sog. **formalen** Parameter, übereinstimmen.

3. Jeder einzelne aktuelle Parameter muß im Typ seinem zugehörigen formalen Parameter entsprechen. Dabei ist die Reihenfolge für die Zuordnung maßgebend.

4. Als aktuelle Parameter sind beliebige Ausdrücke zugelassen, sie müssen nur im Typ übereinstimmen mit den entsprechenden formalen Parametern. Insbesondere dürfen in diesen Ausdrücken auch Funktionsaufrufe vorkommen.

5. Prozeduren müssen nicht - im Gegensatz zu Funktionen - vor ihrem Aufruf (textlich im Programm) deklariert werden. Dies ist z.B. möglich, wenn innerhalb einer Prozedur P eine andere Prozedur Q aufgerufen wird, die auf gleichem Blockniveau wie P, aber hinter P deklariert wurde, also z.B.:

```
.
.
.
proc P
begin
  .
  .
  .
  call Q
  .
  .
  .
end;
.
.
.
proc Q
begin
  .
  .
  .
end
.
.
.
```

6. Um eine solche Vorwärtsreferenz auch bei Funktionen zu ermöglichen, gibt es die Möglichkeit, Funktionen und Prozeduren lediglich zu spezifizieren. Diese Spezifizierung ähnelt einer Deklaration, lediglich steht hinter dem Funktions-/Prozedurnamen das Schlüsselwort with und der Prozedurrumpf fehlt. Bei der (im gleichen Block) nachfolgenden Deklaration darf dann keine Liste der formalen Para-

meter mehr stehen.

Die Semantik eines Unterprogrammaufrufs wird in den folgenden Punkten abgehandelt:

7. Ist der formale Parameter value-spezifiziert (dies ist nur für die Typen string, number und bits möglich, siehe Syntaxdiagramm 6.2 für paramspec), so wird beim Aufruf der aktuelle Parameter auf den formalen Parameter kopiert, d.h. innerhalb der gerufenen Prozedur/Funktion wird auf einer Kopie gearbeitet. Veränderungen am formalen Parameter innerhalb der Prozedur/Funktion (z.B. Zuweisung eines Wertes) haben keinen Effekt auf den aktuellen Parameter (relevant, falls der aktuelle Parameter eine Variable ist).

8. Ist der formale Parameter nicht value-spezifiziert, so wird der aktuelle Parameter "by reference" übergeben (man unterscheidet (u.a.) die Übergabemechanismen "call by reference" und "call by value"). D.h. es wird - wie der Name andeutet - lediglich eine Referenz des aktuellen Parameters übergeben, das ist seine Adresse im Speicher. Wird der entsprechende formale Parameter in der Prozedur/Funktion verwendet, so wird intern die Variable, von der lediglich die Adresse übergeben wurde, mit dieser Adresse identifiziert und dann gelesen oder geschrieben. Insbesondere, handelt es sich beim aktuellen Parameter um eine Variable, so bewirkt jede Veränderung des Wertes des formalen Parameters die gleiche Veränderung des aktuellen Parameters.
   Umgekehrt, wird der aktuelle Parameter verändert (das kann durchaus während der Abarbeitung der Prozedur/Funktion innerhalb derselben durch direkte Referenz (nicht über den Parameterweg) geschehen), so ändert sich mit ihm auch der formale Parameter. Man kann sich die beiden als übereinandergelegt vorstellen, oder als zweimal das gleiche Objekt mit unterschiedlichem Namen. Dieses Problem, daß man das gleiche Objekt innerhalb eines Unterprogramms unter zwei Namen ansprechen und insbesondere auch verändern kann, heißt entsprechend auch das "alias-Problem".

9. Handelt es sich beim aktuellen Parameter um eine echte expression (keine Variable), so verhalten sich "by reference"-Aufruf und "by value"-Aufruf nach außen hin gleich.

10. Den Aufruf einer Prozedur hat man sich so vorzustellen, daß an der Aufrufstelle der Rumpf der Prozedur einkopiert wird. Ferner, daß bei diesem Einkopier-Prozess alle Auftreten der formalen Parameter im Rumpf der Prozedur durch die aktuellen Parameter, oder Kopien davon (s. oben), ersetzt werden. Dieses Bild stimmt auch insofern mit den tatsächlichen Verhältnissen überein (wenn natürlich auch nicht tatsächlich einkopiert wird), daß nachdem die Prozedur "betreten" wurde, d.h. mit den Ausführung begonnen wurde und sie ganz durchlaufen wurde, die Abarbeitung des Programms direkt hinter der Aufrufstelle fortgeführt wird.
    Für einen Funktionsaufruf gilt der gleiche Mechanismus, nur daß hier der kontextuelle Rahmen für den Aufruf ein Ausdruck ist. Man muß sich den Funktionsrumpf als Anweisung vor derjenigen, die den Ausdruck mit dem Funktionsaufruf enthält, einkopiert denken, das Funktionsergebnis in der return-Anweisung (s. unten) einer Hilfsvariablen zugewiesen, die dann den Platz des ursprünglichen Funktionsaufrufes einnimmt.

<u>Beispiel:</u>

An diesem Beispiel soll der Parameterübergabemechanismus erläutert werden, insbesondere der Unterschied zwischen value-Parametern und reference-Parametern. Die Zeilennummern am Ende jeder Zeile gehören wiederum nicht zum Programm, auf sie wird in der nachfolgenden Tabelle verwiesen.

```
HP: begin string  S, T;                                   (1)
      proc P(string S; string value V);                   (2)
      begin                                               (3)
        write S cat T;                                    (4)
        T := V;                                           (5)
        V := S;                                           (6)
        write S cat T cat V;                              (7)
      end; /* P */                                        (8)
                                                          (9)
      S := 'abc';                                        (10)
      T := 'xyz';                                        (11)
      call P(T,S);                                       (12)
      call P(S,'uvw');                                   (13)
   end /* HP */                                          (14)
```

Das Programm druckt folgendes aus:

xyzxyz

```
abcabcabc
abcabc
abcuvwabc
```

Warum ist dies so? Gehen wir also durch das Programm und verfolgen, wie sich die Werte der Variablen ändern. Zur besseren Unterscheidung der gleichnamigen Variablen ist der Name desjenigen Blocks, in dem jede einzelne Variable deklariert ist, als Suffix angehängt. Shp z.B. bezeichnet also das in HP deklarierte S (im Gegensatz zu Sp). Die Namen HP und P sind gewählt als Abkürzung für HauptProgramm und Prozedur.

nach Schritt	Zeile	Wert von Shp	Thp	Sp	Vp	Bemerkung
1	9	'abc'	./.	./.	./.	Konstanten-initialisierung
2	10		'xyz'			"
3	11			'xyz' (liegt über Thp)	'abc'	Prozeduraufruf
4	4					write Sp+Thp
5	5		'abc'	'abc'		Thp:=Vp (impliziert Sp:=Vp)
6	6				'abc'	Vp:=Sp
7	7					write Sp+Thp+Vp
8	8			./.	./.	verlasse Proz.
9	12			'abc' (liegt über Shp)	'uvw'	
10	4					write Sp+Thp
11	5		'uvw'			Thp:=Vp
12	6				'abc'	Vp:=Sp
13	7					write Sp+Thp+Vp
14	8			./.	./.	verlasse Proz.
15	13					Programmende

6.6 Die Return-Anweisung

In dem ersten Beispiel (N_tes_Wort) kam schon eine return-Anweisung vor. Bei Funktionen wird mit dieser Anweisung der Rückgabewert der Funktion definiert, gleichzeitig die Funktion sofort verlassen. Bei Prozeduren hat die return-Anweisung nur den Zweck, das Unterprogramm sofort zu verlassen. Insofern entspricht die return-Anweisung einem Sprung an das

Ende des Unterprogramms. Die zusätzliche Aufgabe der return-Anweisung bei Funktionen wird auch in dem folgenden Syntaxdiagramm widergespiegelt.

returnstat

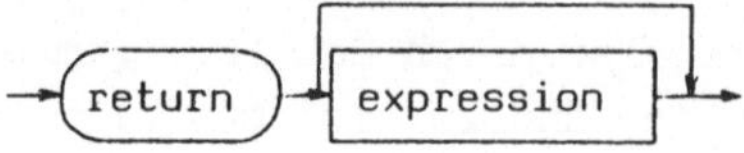

und returnstat ist eine der Alternativen für Anweisungen,

unlabeled statement

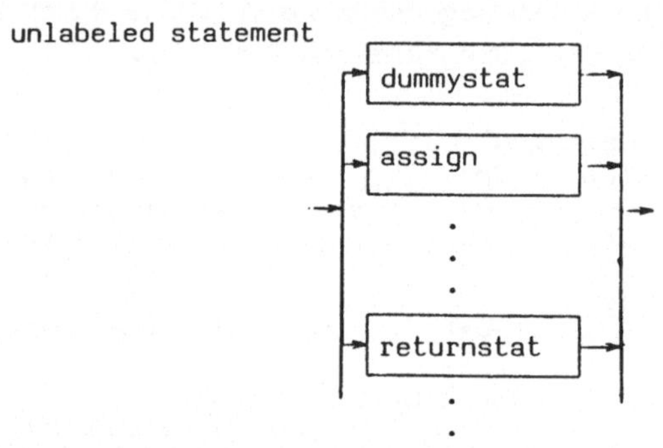

Mit der Ausführung der return-Anweisung wird die umfassende Prozedur bzw. Funktion verlassen. Handelt es sich um eine Funktion, so muß ein Ausdruck hinter return stehen, der einen Wert vom Typ der Funktion liefert. Handelt es sich um eine Prozedur, so darf das return nicht von einem Ausdruck gefolgt sein. Gibt es weder eine umfassende Prozedur noch eine umfassende Funktion, so führt die Ausführung dieses returns (das wiederum von keinem Ausdruck gefolgt sein darf) zur Beendigung des Programms. D.h. das Hauptprogramm wird wie eine Prozedur betrachtet, die beim Programmstart aufgerufen wird.

Achtung:

Eine Prozedur wird verlassen, indem entweder eine return-Anweisung oder das Prozedurende erreicht wird. Bei einer Funktion führt das Erreichen des Unterprogrammendes zu einem Laufzeitfehler.

2. Beispiel:

```
BSP2: begin string Source, Pattern;

  func number Nu_of_Occ (string Source, Pattern; bits Mode)
  begin number I, N;
    /* liefert die Anzahl der Vorkommnisse (number of
       occurrences) von Pattern in Source zurück.
       Unterschieden werden 2 Modi:
       Mode="F" => Anzahl ohne Überschneidungen
       Mode="T" => Mit Überschneidungen */
    if ¬Mode then
      in Source replace all Pattern by Pattern success N;
      /* Es werden in Source alle Vorkommnisse von Pattern
         durch sich selbst ersetzt, d.h. Source nicht
         verändert, aber dabei gezählt, wie oft dies
         geschehen ist. */
    else /* mit Überschneidungen */
      N:=0; /* Zählt die Matches durch */
      for I from 1 to #Source-#Pattern+1
      loop /* I durchläuft alle möglichen Anfangspositionen
              von Pattern in Source */
        if Pattern leftend Source(I:) then
          N := N+1
        fi
      pool
    fi;
    return N;
  end; /* Nu_of_Occ */

/* Beginn des Hauptprogramms */

  loop
    write 'Gib Source und Pattern';
    read Source, Pattern;
    write '',
          'Source / Pattern / Modus / Anzahl',
          Source cat ' / ' cat Pattern cat ' / ohne / ' cat
           cns (Nu_of_Occ(Source,Pattern,"F"),*),
          Source cat ' / ' cat Pattern cat ' / mit / ' cat
           cns (Nu_of_Occ(Source,Pattern,"T"),*),
          Source cat ' / ' cat <-Pattern cat ' / ohne / ' cat
           cns (Nu_of_Occ(Source,<-Pattern,"F"),*),
          Source cat ' / ' cat <-Pattern cat ' / mit / ' cat
           cns (Nu_of_Occ(Source,<-Pattern,"T"),*),
  pool until Source=''
end /* BSP2 */
```

Dieses Programm druckt nach 'Gib Source und Pattern' auf Eingabe von etwa 'abababab' und 'abab' folgendes aus:

Source / Pattern / Modus / Anzahl
abababab / abab / ohne / 2
abababab / abab / mit / 3
abababab / baba / ohne / 1
abababab / baba / mit / 2

Eine Variante für den else-part in der Funktion ist in dem folgenden Programmstück aufgezeigt (bei zusätzlicher Deklaration einer Numbervariablen K). Der Vorteil dieser Variante liegt darin, daß die Schleife nicht für jeden Buchstaben einzeln durchlaufen wird, sondern nur für jedes Vorkommen von Pattern.

```
N := 0; /* Bisher noch kein Auftreten gefunden */
K := 1; /* Startposition in der Source */
loop
  I := Source(K:).Pattern;
  if I=0
  then return N; /* Pattern tritt im Reststück
                    nicht mehr auf  => fertig */
  else
    N := N+1; /* Verbuchen */
    K := K+I; /* K erhält die Anfangsposition des
                 zuletzt gefundenen Auftretens + 1 */
  fi
pool;
```

6.7 Rekursive Prozeduren

In diesem Abschnitt wird die Grundlage gelegt zum Veständnis der Syntaxdiagramme, die uns schon von Beginn an beschäftigt haben.

Anderseits handelt es sich bei rekursiven Prozeduren um ein Sprachmittel, daß in der Mehrzahl der Comskee-Programme nicht angewandt wird, man braucht es nur für die Lösung einer eingeschränkten Klasse von Problemen. Da gerade Anfängern diese Materie besondere Schwierigkeiten bereitet, sei hier darauf hingewiesen, daß man auch ohne rekursive Prozeduren fast alle Probleme in adäquater Weise lösen kann. Wir werden allerdings Beispiele angeben, die sich nur rekursiv elegant lösen lassen.

Zurück zu den Syntaxdiagrammen: Betrachten wir z.B. die Syntaxdiagramme für expression, simpexpr, term und factor. In dem letzten kommt das Nichtterminal expression vor, in dem ersten über die zwischenliegenden Stufen das Nichtterminal factor. Eine Katze also, die sich in den Schwanz beißt! Trotzdem ist diese Beschreibungsform sinnvoll, weil man mit ihr

eine unendliche Menge von komplex ausgestalteten Individuen auf endlichem Raum darstellen kann.
Eine Beschreibungsform, bei der man eine Sache quasi durch sich selbst erklärt, heißt rekursiv. Bei unseren Syntaxdiagrammen handelt es sich also um ein solches potentiell rekursives Beschreibungsmittel [*1] .

Betrachten wir folgende Prozedur:

```
proc Q
begin
  write 'Anfang Q';
  call Q;
  write 'Ende Q';
end;
```

Dies ist ein ganz einfacher Fall einer Rekursion: Nach dem Aufruf von Q wird innerhalb von Q zuerst die Anfangsmeldung ausgedruckt und dann Q wiederum aufgerufen, d.h. es wird wieder die Anfangsmeldung ausgedruckt und Q erneut aufgerufen usw. D.h. die Ende-Meldung wird nie ausgedruckt. Überhaupt endet Q nie, lediglich wird im praktischen Test der Programmlauf, in dem Q aufgerufen wird, wegen Speichermangel abgebrochen werden. [*2]

Wir verändern die Prozedur Q:

```
proc Q (number value N)
begin
  write 'Anfang Q';
  if N>0 then call Q(N-1)
  fi;
  write 'Ende Q';
end;
```

Nehmen wir an, wir rufen die Prozedur auf mit irgendeinem Wert für den Parameter N. Sagen wir, wir rufen auf:

---

*1: nicht jedes Syntaxdiagramm muß rekursiv sein, und auch mit nichtrekursiven lassen sich unendlich viele Individuen beschreiben, die dann allerdings nur eine einfachere Struktur besitzen können.

*2: Bei jedem Prozeduraufruf wird nämlich implizit ein Stück Speicher belegt, das erst beim Verlassen dieses Aufrufs der Prozedur wieder freigegeben wird.

```
call Q(17)
```

D.h. beim ersten Eintritt in Q hat der dortige formale Parameter den Wert 17. Es wird die Anfangsmeldung ausgedruckt und, da N offensichtlich größer als 0 ist, Q rekursiv aufgerufen, diesmal aber mit dem Wert 17-1, d.h. mit 16 als aktuellem Parameter. Jetzt beginnt also das Spiel von neuem, und bei jedem "eingeschachtelten" Prozeduraufruf hat der aktuelle Parameter einen um 1 verminderten Wert, beim 17-ten Aufruf hat der aktuelle Parameter den Wert 1, beim 18-ten den Wert 0, und damit ist die Bedingung in der if-Abfrage nicht mehr erfüllt. D.h. es wird sofort die Ende-Meldung ausgedruckt und die Prozedur verlassen. Damit sind wir in der Ausführung in derjenigen "Inkarnation" [*1] von Q, in der der aktuelle Parameter den Wert 1 (den Wert hat er hier auch noch!) hat. Und zwar sind wir genau hinter dem dortigen Prozeduraufruf. D.h. auch in dieser Inkarnation kommen wir an die write Anweisung für die Ende-Meldung, verlassen die Prozedur und sind anschließend zurückgekehrt auf das Niveau, auf dem der aktuelle Parameter den Wert 2 hat usw. bis wir bei der 17 sind. Wenn wir dann die Prozedur verlassen, haben wir den Aufruf call Q(17) vollständig abgearbeitet. D.h. in diesem Fall kehrt die Prozedur im Gegensatz zum vorhergehenden Beispiel zurück.

Auch im Falle von rekursiven Prozeduren kann man das Modell anwenden, daß sich ein Prozeduraufruf so verhält, als würde der Rumpf der Prozedur an der Aufrufstelle eingeschachtelt. Im obigen Falle würde dann der Rumpf von Q 17 mal in sich selbst eingeschachtelt und diese Anweisungsfolge ausgeführt. Bei diesem Einkopierprozeß ist dann auch wieder darauf zu achten, daß alle Vorkommen der formalen Parameter im Rumpf der Prozedur durch die richtigen aktuellen Parameter ersetzt werden, also durch 17, 16, 15 usw.

Als nächstes Beispiel wollen wir eine "sinnvolle" rekursive Prozedur betrachten, d.h. eine solche, in der die Vorteile der Rekursion echt ausgenutzt werden.

Gegeben sei folgendes Problem:

Zu einem (einer Prozedur als Parameter übergebenen) Wort (string) sollen alle Permutationen seiner Buchstaben ausgedruckt werden. [*2]

Man kann folgendes zeigen: Jede einzelne Permutation eines Wortes erhält

---

*1: griechisch: Wiedergeburt

*2: Ein Wort stellt eine Permutation eines zweiten dar, falls sich das erste aus dem zweiten durch Umordnen der Buchstaben erhalten läßt, so ist z.B. 'XYZABC' eine Permutation von 'AYXCZB'.

man, indem man in dem Wort das erste Zeichen derart mit einem anderen vertauscht, daß das richtige Zeichen an vorderster Position steht, und dann noch auf das hintere Teilwort ab dem 2. Buchstaben eine geeignete Permutation anwendet.

Es handelt sich also um einen rekursiven Vorgang, bei dem eine ganz klassische Vorgehensweise der Informatik zum Tragen kommt:

> "ist mir ein Problem zu groß, so verteile ich es in mehrere kleinere, löse diese und setze die Ergebnisse zusammen."

In der Literatur ist diese Vorgehensweise als "Teile und beherrsche" (lateinisch "Divide et impera", englisch "Divide and conquer") bekannt. Hier haben wir dieses Prinzip folgendermaßen angewandt:

Um eine Permutation eines ganzen Wortes zu erhalten, nehmen wir zuerst eine 2-Buchstaben-Vertauschung mit dem ersten Buchstaben vor (Teil 1) und wenden dann unsere Prozedur auf das Teilwort ohne das erste Zeichen an (Teil 2). Dies ist ein kleineres Problem. Besteht das Wort aus nicht mehr als 2 Buchstaben, so brauchen wir den 2. Teil des Berechnungsschemas nicht mehr vorzunehmen.

Beispiel:

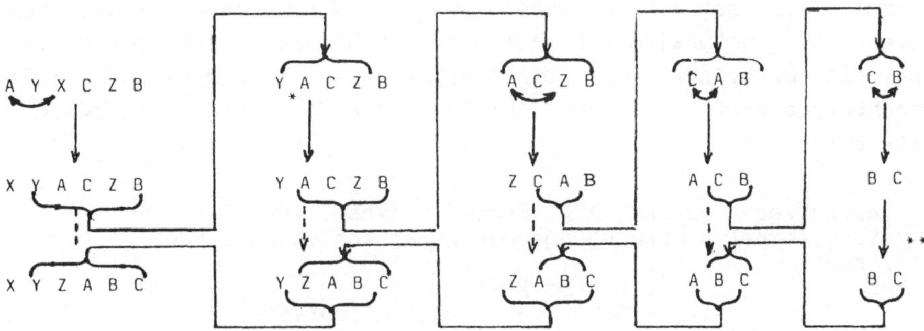

* Keine Vertauschung nötig (vertausche Y mit sich selbst)

** Reststring der Länge 1 braucht nicht mehr permutiert zu werden

Aber unser ursprüngliches Problem war ja, nicht nur eine Permutation auszurechnen, sondern alle möglichen. Unsere Lösung wird sehr ähnlich sein der oben skizzierten:

Wir kombinieren alle Vertauschungen des ersten Buchstabens mit allen anderen (inklusive sich selbst) mit allen Permutationen auf die Reste der vorher entstandenen Wörter.

Als Comskee-Prozedur sieht das dann folgendermaßen aus:

```
proc Permut (string value Anfangswort, Endwort)
begin
  number I;
  string Permut_Rest;
  if #Endwort <= 1 then
    write Anfangswort cat Endwort ; /* Es gibt nichts mehr
                                       zu permutieren */
  else
    for I from 1 to #Endwort
    loop
      Permut_Rest := Endwort;
      Permut_Rest(I) := Endwort(1);
         /* in Endwort(I) cat Permutrest(2:) sind gegenüber
            Endwort die Positionen 1 und I vertauscht */
      call Permut (Anfangswort cat Endwort(i), Permutrest(2:));
    pool
  fi;
end; /* Permut */
```

Ein initialer Aufruf der Prozedur hat etwa folgende Gestalt:

```
call Permut('',Wort)
```

Verfolgen wir den Verlauf einer Berechnung mit der Anfangsbelegung Wort='abc'. Wir betrachten dabei immer nur die Werte von I und die der Parameter, und natürlich den nach außen sichtbaren Effekt der Prozedur, nämlich die write-Anweisung. Die Einrückung soll die dynamische Aufrufverschachtelung deutlich machen ('u','vw') z.B. bedeutet Anfangswort='u', Endwort='vw'

```
 dynam. Aufrufver-     dynam. Aufrufver-     dynam. Aufrufver-
schachtelungsebene1  schachtelungsebene2  schachtelungsebene3
   ('','abc')
     I=1                 ('a','bc')
                           I=1                   ('ab','c')
                                                 write 'abc'
                           I=2                   ('ac','b')
                                                 write 'acb'
     I=2                 ('b','ac')
                           I=1                   ('ba','c')
                                                 write 'bac'
                           I=2                   ('bc','a')
                                                 write 'bca'
     I=3                 ('c','ba')
                           I=1                   ('cb','a')
                                                 write 'cba'
                           I=2                   ('ca','b')
                                                 write 'cab'
```

6.8 Programmstruktur und getrennt übersetzte Unterprogramme

6.8.1 Gültige Compilereingaben

Wir hatten in einigen Beispielen vollständige Comskee-Programme gesehen. Syntaktisch gesehen bestehen Programme aus einem Block, dem noch der Programmname, getrennt durch einen Doppelpunkt, vorangestellt ist. Diese Angabe des Programmnamens erfolgt aber optional. Ausgedrückt wird dieser Umstand im folgenden Syntaxdiagramm:

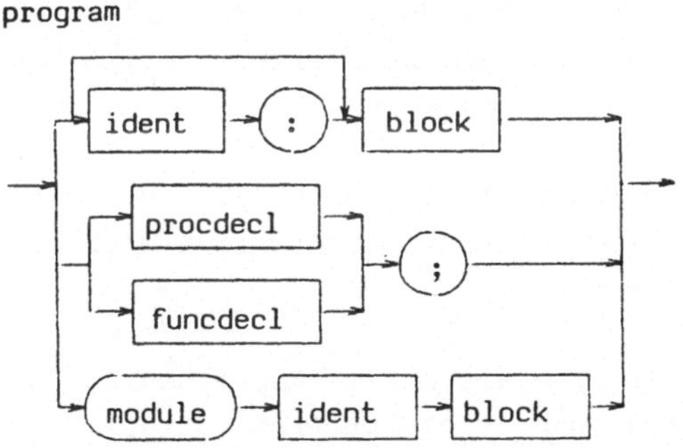

Aus diesem Syntaxdiagramm geht darüberhinaus noch hervor, daß auch Funktions- oder Prozedurdeklarationen vollständige Eingaben für den Compiler sind. Auf diesen Umstand wir in dem folgenden Paragraphen noch eingegangen. An dieser Stelle noch wichtig ist der Name der Übersetzungseinheit. Im Falle der eben angesprochenen Prozedur oder Funktion bildet der Unterprogrammnamen den Namen der Übersetzungseinheit. Bei einem Block mit vorangestelltem Namen bezeichnet dieser die Übersetzungseinheit. Besteht die Compilereingabe jedoch nur aus einem Block, so generiert der Compiler einen Namen dafür, etwa STDHP (wie Standard-Hauptprogramm).

Unter diesem Namen ist das übersetzte Modul ansprechbar, was bei seiner "Weiterverarbeitung" zu einem lauffähigen Programm wichtig ist (Bindevorgang, Zwischenspeicherung in einer "Bibliothek" etc.).

6.8.2 Getrennt übersetzte Unterprogramme

Es gibt Fälle, in denen man die gleiche Prozedur in verschiedenen Programmen benutzen will. Ohne besondere Vorkehrung kann die Prozedur nicht von verschiedenen Programmen aus aufgerufen werden. Um dies zu ermöglichen, könnte man diese Prozedur in die entsprechenden Programmtexte einkopieren und dann mitübersetzen. Das hat mehrere Nachteile:

1. Das Compilieren dieser Prozedur in den verschiedenen Programmen kostet jedesmal Rechenzeit

2. Möchte man in der Prozedur etwas ändern (z.B. um ihre Leistungsfähigkeit zu erhöhen), so muß man dies in allen betroffenen Programmen tun und diese neu übersetzen.

3. Wenn man sich die übersetzten (und noch nicht gebundenen) Programme abspeichern will, so sind diese natürlich größer, wenn sie diese Prozedur schon enthalten.

In Comskee gibt es nun aber eine elegantere Möglichkeit, um von verschiedenen Programmen aus ein und dieselbe Prozedur aufzurufen. Dies geschieht mit den getrennt übersetzten Prozeduren (und Funktionen natürlich).

Die Deklaration eines getrennt übersetzten Unterprogramms geschieht in dem (das Unterprogramm) benutzenden Programm, indem an 2. Position der Unterprogramm-Deklaration das Schlüsselwort "import" eingeschoben wird (also direkt hinter "proc" bzw. "func"), und gegenüber der vollständigen Deklaration der Prozedurrumpf (begin...end - Block) weggelassen wird. Das Attribut "import" weist darauf hin, daß dieses Unterprogramm in das aufrufende Programm von außen eingeführt wird. [*1] Syntaktisch wird dieser Umstand widergespiegelt durch (vgl. 6.3):

---

*1: Manchmal wird auch der Sprachgebrauch des "externen" Unterprogramms benutzt, so konnte man in früheren Comskee-Versionen auch das Schlüsselwort extern anstelle des Unterprogrammrumpfes dazu benutzen, ein Unterprogramm als importiert zu deklarieren. Wegen der Verwechselbarkeit mit dem andersartigen extern-Attribut bei Wörterbüchern wird die Benutzung im Zusammenhang mit Unterprogrammen aber nicht weiter gefördert (wenn sie aus Kompatibilitätsgründen auch weiterhin möglich ist).

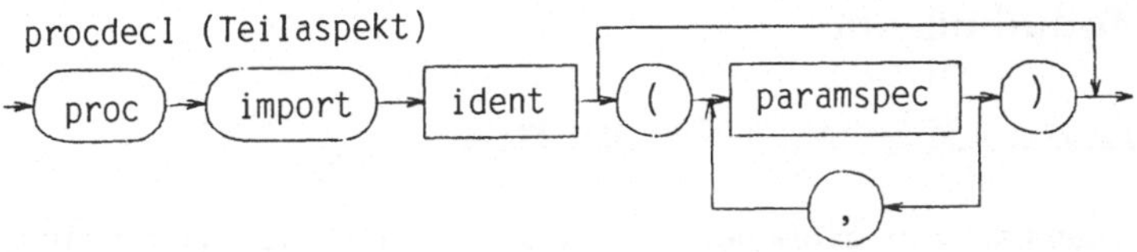

Bei der Übersetzung der Prozedur bzw. Funktion selbst wird dem Compiler einfach ein - syntaktisch "procdecl" bzw. "funcdecl" entsprechendes - Quellprogramm übergeben. Dies war in dem Syntaxdiagramm für die Compiler-Eingabe im letzten Paragraphen schon berücksichtigt.

So ist z.B. die Funktion "N_tes_Wort" wie sie in Kapitel 4.1 steht eine "komplette" Eingabe für den Comskee-Compiler. Ein Programm könnte diese Funktion jetzt folgendermaßen verwenden:

```
N_W_Test: begin /* Programm zum Testen der
                   Funktion N_tes_Wort */
  string S;
  number N;
  func import string N_tes_Wort (string S; number N);

  loop
    write 'Gib S und N';
    read S, N;
    write 'Das N-te Wort in S ist ' cat N_tes_Wort(S,N);
  pool until S='';
end /* N_W_Test */
```

selbstverständlich können in getrennt übersetzte Unterprogramme wiederum andere Unterprogramme importiert werden, so daß auch innerhalb eines Programms von verschiedenen getrennt übersetzten Teilen aus das gleiche (externe) Unterprogramm aufgerufen werden kann. Eine Verallgemeinerung des Schemas der getrennten Übersetzung ist in Comskee mit dem Modulkonzept vorhanden:

6.9 Das Modulkonzept

6.9.1 Motivation und Beispiel für ein Modul

Mit dem Aufbau von größeren Programmen kommt bald der Wunsch auf, daß man nicht nur einzelne Prozeduren auslagert und in ein Hauptprogramm importiert, sondern daß man das ganze Programm in verschiedene, logisch zusammenhängende Teile zerlegt, die man dann einzeln erstellen kann.

Nun lehrt die Erfahrung, daß solche Teile leider nicht nur aus einem einzigen Unterprogramm bestehen, sondern aus einer Kollektion solcher Unterprogramme, die auch noch Daten miteinander gemeinsam haben. Betrachten wir z.B. eine solche Teilaufgabe eines Programmes, nämlich das Einlesen von einzelnen Sätzen von einem File. Dabei sollen Sätze nun nicht die Einheiten sein, die mit read on ... file vom System zu erhalten sind, sondern logische Sätze, also alles bis zu einem Satzendezeichen, was ein Punkt, oder wegen der Verwechselungsmöglichkeit mit Abkürzungspunkten auch ein anderes Zeichen, z.B. ein Stern ('*') sein kann. Wir zerlegen diese Aufgabe aus technischen und logischen Gründen in drei Teilaufgaben: eine Initialisierung, eine Abschlußbehandlung und ein Unterprogramm, daß jeweils den nächsten Satz aus der Eingabe liefert. Bei der Initialisierung geben wir unserem Eingabemodul bekannt, welche Datei zu bearbeiten ist, und welches Trennzeichen wir benutzen. Diese zwei Daten werden als Parameter der Prozedur EinInit mitgegeben, die entsprechend die Eingabedatei - repräsentiert durch eine modullokale file-Variable - eröffnet (connect) und sich auch das Trennzeichen (den Trennstring) in einer modullokalen string-Variablen merkt. Das Hauptunterprogramm NxtSatz hat einen (Ausgabe-)Parameter, in dem der nächste Satz zurückgeliefert wird, ansonsten ist es als Funktion mit bits-wertigem Rückgabewert dargestellt. Es liefert "t", solange das Dateiende noch nicht überschritten wurde.

Hier nun das Modul:

```
module Eingabe
begin
  file   InputFile;

  string EingabePuffer, SatzEndeZeichen;

  func import string LowerTo(string S); /* wandelt in Grossbuchstaben */
/****************   E i n I n i t   ***************/

  proc export EinInit (string FileName, SatzTrenner)
  begin
```

```
    SatzEndeZeichen := SatzTrenner; /* diesen Wert lokal speichern */
    connect LowerTo(FileName) to InputFile;
    read on InputFile file EingabePuffer; /* den 1. Satz schon lesen */
  end; /* InitIn */

/****************   N x t S a t z   ****************/

  func export bits NxtSatz (string Satz)
  begin /* Satz wird mit dem naechsten logischen Eingabesatz
          besetzt, der Rueckgabewert ist "f", falls das Datei-
          Ende ueberschritten wurde */
    number P;
    Satz := ''; /* bisher noch nichts aufgesammelt */
    loop /* unbeschraenkt oft, verlasse aus dem Schleifenrumpf */
      while EingabePuffer=''
      loop
        read on InputFile file EingabePuffer;
        if EingabePuffer=* then
          return "f"; /* aber Satz kann nichtleeren Wert haben */
        fi;
      pool;
      P := EingabePuffer.SatzEndeZeichen;
      if P=0 then /* Satzende noch nicht erreicht */
        Satz := Satz + ' ' + EingabePuffer;
        EingabePuffer := '';
      else /* wir haben das Satzende erreicht */
        Satz := Satz + ' ' + EingabePuffer(1:P-1);
        P := P + #SatzEndeZeichen; /* erstes Zeichen dahinter */
        while Eingabepuffer(P)=' '
        loop /* Leerzeichen nach dem Satzende ueberlesen */
          P := P+1;
        pool;
        EingabePuffer(1:P-1):=''; /* Bei P ist 1. gueltiges Zeichen */
        return "t";
      fi;
    pool;
  end; /* NxtSatz */

/****************   E i n E x i t   ****************/

  proc export EinExit
  begin
    connect * to InputFile;
  end;

/* Dieses Modul hat keinen Rumpf (nur eine Leeranweisung) */
end /* Modul Eingabe */
```

Ein Hauptprogramm, mit dem das eben angegebene Modul getestet werden kann, ist das folgende. Es sei noch angemerkt, daß die Dienste solcher Module nicht nur von Hauptprogrammen beansprucht werden können, sondern auch von anderen Modulen und getrennt übersetzten Unterprogrammen.

```
EinTest : begin /* Testumgebung fuer das Modul Eingabe */
  string Satz, FileName;
  number SatzNr;

  proc import Eingabe; /* Aktivierungprozedur unter Modulnamen */
  proc import EinInit (string FileName, SatzTrenner);
  func import bits NxtSatz (string Satz);
  proc import EinExit;

  call Eingabe; /* Modul aktivieren */

  loop
    write 'Von welcher Datei soll gelesen werden?';
    read FileName;
    if FileName='' then return; /* Beende Programmlauf */
    fi;

    call EinInit(FileName,'*'); /* Ein Stern als Satzende */

    SatzNr := 1;
    while NxtSatz(Satz)
    loop
      write cns(SatzNr,4) + '   ' + Satz;
      SatzNr := SatzNr + 1;
    pool;

    if Satz¬='' then
      write '',
            'Dateiende in Satz: ' + cns(SatzNr,*),
            '         ' + Satz;
    fi;

    call EinExit;
  pool;
end
```

6.9.2 Der Aufbau von Modulen

Ein Modul besteht - syntaktisch (vgl. Syntaxdiagramm in Paragraph 6.8.1) gesehen - wie ein Programm auch im wesentlichen aus einem Block. Dieser besteht dann seinerseits aus Datendeklarationen, Unterprogrammdeklarationen und den Anweisungen des Rumpfes. Allerdings hat der Rumpf eines Modules, d.h. der Blockrumpf, eine völlig andere Aufgabe als bei Hauptprogrammen. Bei letzteren spielt er die Hauptrolle, von ihm aus gehen alle Aktionen aus, beim Modul hingegen dienen die Anweisungen im Rumpf lediglich zur Initialisierung, d.h. zur Aktivierung eines Moduls. In vielen Fällen - wie etwa im obigen Beispiel - ist der Rumpf leer, d.h. er besteht nur aus einer Leeranweisung. Von außen kann der Modulrumpf wie eine parameterlose Prozedur betrachtet werden, die genau einmal während des Programmlaufes aufgerufen werden muß. Durch diesen Aufruf werden die statischen Daten des Moduls angelegt. Insbesondere ist dies der Zeitpunkt, zu dem die array-Variablen auf äußerstem Modulniveau angelegt werden, d.h. zu diesem Zeitpunkt müssen alle Grenzpaarwerte sich zu den gewünschten Werten berechnen lassen. Das ist wichtig, wenn in den Grenzpaaren import-Variable vorkommen (s.u.), wohingegen die Reihenfolge der Aktivierungen der einzelnen Modulen unerheblich ist, falls solche Beziehungen nicht bestehen.

Beim Betrachten des Beispiels fällt nun auf, daß dieses Modul aus Daten und Unterprogrammen besteht. Die Unterprogramme tragen - in diesem Beispiel - alle das Attribut "export" - womit gemeint ist, daß ihr Name exportiert wird aus diesem Modul auf alle Programmteile (d.h. andere Module und auch das Hauptprogramm) um sie zu unterscheiden von nur lokalen Unterprogrammen, d.h. solchen, die nur aus diesem Modul heraus aufgerufen werden können, und von importierten Unterprogrammen, d.h. exportierte aus anderen Modulen bzw. aus dem Hauptprogramm. Importierte Unterprogramme werden entsprechend mit dem Attribut "import" versehen, exportierte mit dem Attribut "export". Selbstverständlich können exportierte Unterprogramme von dem exportierenden Modul selbst aus aufgerufen werden.

Die Attribute import und export sind aber nicht nur auf Prozeduren und Funktionen anwendbar, auch Daten können importiert und exportiert werden. Syntaktisch gesehen werden die Schlüsselwörter import und export jeweils an die 2. Stelle einer Deklaration geschrieben, also direkt nach den Wortsymbolen string, number, bits, file, set, array, record, func oder proc, sofern sie eine Deklaration beginnen und nicht auf Parameterposition stehen. Diese Attribute gelten für die gesamte Deklaration, d.h. bei Variablenlisten gilt das Attribut für alle Elemente, bei records und arrays wird der gesamte Verbund bzw. das gesamte array importiert bzw. exportiert. Insbesondere ist es nicht möglich, Teilrecords mit diesen Attributen zu versehen. Werden arrays importiert, so ist bei den Grenzpaaren - genau wie bei arrays als formale Parameter - nur ein '*' pro Dimension anzugeben, die wirklichen Werte der Grenzpaare werden bei der Aktivierung des sie exportierenden Moduls ausgewertet.

Exportiert werden können nur Variablen und Unterprogramme auf äußerstem Blockniveau, also nicht, wenn sie innerhalb eines Unterprogramms oder eingeschachtelten Blockes deklariert sind. Importierende Deklarationen sind zulässig an allen Stellem, an denen überhaupt eine entsprechende Deklaration stehen kann. Natürlich muß es zu einer importierenden Deklaration auch innerhalb des Programmkomplexes (bestehend aus evtl. mehreren Modulen und dem Hauptprogramm und evtl. noch einzelnen, separat übersetzten Unterprogrammen) eine gleichartige exportierende Deklaration geben.

Noch einige Beispiele für importierte und exportierte Variable:

```
number import Low_Bound, Size; /* beides Importvariable */
array export string A[Low_Bound : Low_Bound+Size];
array import record (string K1, K2, K3) K123[*];
array export record(string Ueb, bits Wortart) WB[string] extern;
```

im letzten Falle wird lediglich der Name "WB" exportiert, nicht aber "Ueb" und "Wortart". Zu bemerken ist noch, daß der Benutzer (Programmautor) dafür sorgen muß, daß sich alle beteiligten Module korrekt verhalten, daß also nicht z.B. im einen Modul als array record deklariert wird, was im anderen Modul als set-Variable benutzt wird.

Wichtig ist, daß alle Daten (also nicht nur die exportierten), die auf äußerstem Modul-Blockniveau deklariert sind, die - nach ihrer Aktivierung - gleiche Lebensdauer besitzen wie die Daten des äußersten Blockes des Hauptprogrammes. Man spricht deshalb auch von statischen Daten.

Eine tiefergehende Diskussion der Problematik eines Modulkonzeptes und der Modularisierung von Programmen würde den Rahmen dieses Buches sprengen. Auch stellt der in Comskee verfolgte Ansatz einen Kompromiß dar zwischen maximalen Benutzerkomfort, automatisch erzielbarer Datenintegrität und den Möglichkeiten, die in üblichen Betriebssystemen mit vertretbarem Aufwand realisierbar sind. Das Comskee-Konzept ist wesentlich universeller und einfacher zu handhaben als die entsprechende Variante in FORTRAN, die sich z.B. auch in COBOL und PL/1 wiederfindet, als z.B. zu allen Daten ein eindeutiger Eigentümer (nämlich das exportierende Modul) festgelegt ist. Andererseits wird das Comskee-Konzept auch getragen von den vorhandenen Betriebssystemschnittstellen, was z.B. für das ADA-Modul-Konzept nicht gilt.

Zum Abschluß dieses Paragraphens noch einige Grundsätze, die man beim Entwurf eines Programmsystems aus mehreren Modulen berücksichtigen sollte:

- Bei der Zerlegung eines Programms in Module sollten logische Gesichtspunkte zuerst beachtet werden, technische (z.B. Modulgröße) erst in zweiter Linie.
- Ein Modul sollte immer eine Initialprozedur und eine Abschlußprozedur besitzen. Die Initialprozedur kann auch die Aktivierungsprozedur sein, nur ist in diesem Fall eine Versorgung (soweit nötig) nicht über Parameter, sondern nur über Importvariable möglich.
- Die nach außen hin sichtbare Schnittstelle eines Moduls sollte so

kompakt (Verwendung von records) und klein wie möglich sein. Insbesondere sollte man sparsam mit exportierten Variablen umgehen und im Zweifelsfall den Zugriff auf eine zum Modul gehörende Variable in eine (exportierte) Prozedur verlegen, auch wenn das mit Laufzeiteinbußen bezahlt werden muß. Auf diese Weise erhält man eine größere Flexibilität bei der Änderung des Moduls.

Separat übersetzte Unterprogramme, wie sie in dem vorigen Paragraphen behandelt wurden, stellen in gewisser Weise einen Spezialfall eines Moduls dar: nämlich ein Modul mit nur einem exportierten Unterprogramm, keinen statischen Daten (d.h. solchen, die über die Aufrufzeit des Unterprogramms hinweg gültig blieben) und keiner Aktivierungsprozedur. Andererseits sind auch Hauptprogramme ein Spezialfall eines Moduls: hier wird die Aktivierungsprozedur implizit beim Programmstart sozusagen von außen aus aufgerufen. Von hier aus müssen alle Aktivitäten ausgehen. Daten und Unterprogramme eines Hauptprogrammes können genauso exportiert werden wie aus einem Modul.

VII Verbunde, Felder, Dateien und Wörterbücher

Wir hatten bereits in den ersten Kapiteln gesehen, daß eines der Hauptmerkmale einer höheren Programmiersprache deren Fähigkeit zur Abstraktion ist. So abstrahieren die Hardware-Datentypen (bits und number) schon sehr von der (in digitalen Rechnern verwendeten) Elektrotechnik, die in diesem Bereich nur Strom fließt / Strom fließt nicht kennt. Die nächste Abstraktionsstufe nehmen solche Datentypen wie string oder set ein, bei denen schon einfache Operationen wie z.B. Konkatenation oder Vereinigung, durch ein intern ablaufendes (Unter-)Programm beachtlichen Umfangs realisiert werden. Die Abstraktion besteht nun darin, daß der Benutzer der Programmiersprache von diesen internen Vorgängen - sei es Hardware / sei es Software - nichts sieht, er schreibt nur einfach A+B und meint damit, daß die Variablen A und B entsprechend ihren Typen miteinander "geplust" werden.

Als nächstes werden wir Datentypen behandeln, die sich durch Zusammensetzen der Basis-Typen gewinnen lassen. Hierbei unterscheiden wir vordefinierte Datentypen und benutzerdefinierte Datentypen. Im letzteren Falle hat der Benutzer innerhalb des Programmes den genauen Aufbau einer Variablen anzugeben, d.h. in welcher Art sich die betreffende Variable aus den Basisdatentypen zusammensetzt. Den Fall der vordefinierten Datentypen hatten wir auch schon mit dem Datentyp set gesehen, der auf dem Basisdatentyp string aufbaut. Allerdings haben set-Variablen nur eine geringe Strukturausprägung (bestenfalls lexikographische Ordnung). Um Struktur innerhalb von Datenobjekten in Comskee ausdrücken zu können, gibt es den Verbund- oder record-Begriff:

7.1 Verbunde

Betrachten wir nocheinmal den Vergleich aus dem zweiten Kapitel, Paragraph 2.3, zwischen den Variablen eines Programms und den Schubladen in einem Schrank. Hat man z.B. in seinem Schrank eine Schublade für Schrauben und eine für Nägel, so kann etwa die Schraubenschublade weiter unterteilt sein in Abteilungen für Holzschrauben, für Gewindeschrauben und Blechschrauben, diese können ihrerseits wieder unterteilt sein in verschiedene Gefächer für die Schrauben der jeweiligen Sorte in den einzelnen Größen. Wichtig sind bei diesem Vorgehen die folgenden zwei Punkte:

- auf alle Schrauben kann auf einen Schlag zugegriffen werden, man nimmt einfach die ganze Schublade. Andererseits
- kann man die einzelnen Untersorten gemeinsam ansprechen (Gewindeschrauben etc.), und auch gezielt die voll spezifizierten Exemplare - ohne die ganze Schublade durchsuchen zu müssen.

So wie die oben angesprochenen Eisenwaren kann man auch Daten strukturieren. Auch hier tut man zusammengehörige Daten in eine größere Schublade, auf deren einzelnen Gefächer man gezielt zugreifen kann. Wir erläutern dies wieder an einem Beispiel:
Angenommen, man will in einem Programm bestimmte Kenngrößen von Personen verarbeiten, etwa die 3 Größen:

- Nachname
- Vorname
- Kragenweite

In diesem Fall bietet es sich an, 3 Variablen:

```
string Vorname, Nachname; number Kragenweite;
```

zu deklarieren, um mit diesen Variablen arbeiten zu können. Will man die Zusammengehörigkeit dieser 3 Größen auch noch syntaktisch im Programm ausdrücken, so kann man sie in einem Verbund oder engl. <u>record</u> zusammenfassen. Wie wir gleich sehen werden, bietet dies auch noch weitere zusätzliche Operationsmöglichkeiten.

Eine entsprechende Deklaration sieht dann folgendermaßen aus:

```
record (string Vorname, Nachname,
        number Kragenweite) PersKennGroesse
```

Damit sind die vorher einzelnen drei Variablen gemeinsam ansprechbar unter dem hier gewählten Namen "PersKennGroesse". Ansprechbar heißt, daß

- Zuweisungen
- Übergaben als Parameter an Prozeduren/Funktionen und
- Vergleiche

mit diesem Verbund durchgeführt werden können.

Beispiele:

```
PersKennGroesse := [ 'Hugo', 'Mayer',42 ];
  .
  .
  .
if PersKennGroesse = ['Peter','Müller',38 ] then
  .
  .
  .
call Personeneintrag (PersKennGroesse)
```

Bei den in eckige Klammern eingefaßten Ausdrücken handelt es sich um sog. Aggregate (lat. "angehäuft"). Es sind Strukturausdrücke, bei denen die einzelnen Strukturkomponenten gesondert angegeben werden können. In diesen Beispielen wurde lediglich auf die Gesamtverbunde zugegriffen, es sind aber auch die einzelnen Komponenten unter ihrem sog. Feldnamen zugreifbar:

```
Vorname := 'Eva'                [*1]
oder
Kragenweite:=Kragenweite+10
```

Verbunde können auch wiederum selbst eingeschachtelte Verbunde als Teilrecords enthalten, wie aus den nachfolgenden Syntaxdiagrammen hervorgeht:

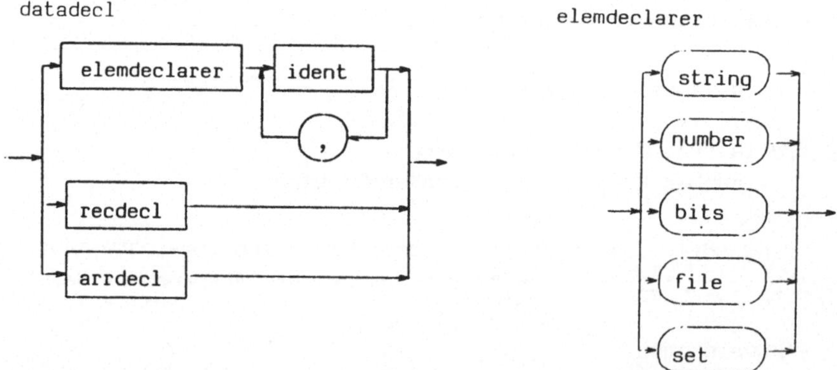

*1: Anders als in manchen anderen Programmiersprachen, geschieht die Referierung einer record-Komponente nur durch ihren eigenen Namen, ohne Angabe des Strukturnamens (in diesem Falle wäre das PersKennGroesse).

Was es mit den arrdecl auf sich hat wird im nachfolgenden Kapitel 7.2 behandelt. Hier ist zunächst die Syntax von recdecl interessant: [*1]

recdecl

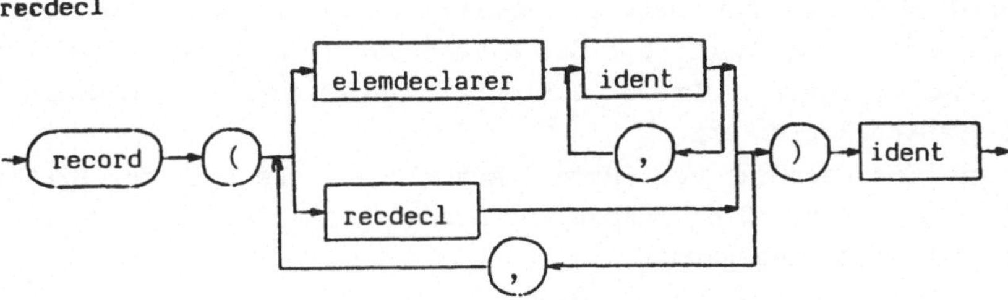

Um auch ein Beispiel für einen geschachtelten Record - Typ zu haben, bauen wir unser Beispiel von oben etwas um:

```
record (record (string Vorname, Nachname) Name,
       number Kragenweite)                 PersKennGroesse
```

d.h. wir fassen die beiden Teile des Namens in einem Objekt zusammen und haben damit sowohl den bisherigen Zugriff auf alle einzelnen Objekte und den Gesamtrecord, zusätzlich aber noch den Zugriff auf Vor- und Nachname zusammen durch z.B.

```
Name := ['Hugo','Mayer']
oder
if Name=['Peter','Müller']
  then write Kragenweite ...
```

Die tiefer geschachtelte Recordstruktur schlägt sich auch in den Aggregaten für diese Verbunde nieder, so muß man z.B. schreiben:

```
PersKennGroesse := [['Hugo','Mayer'],42];
```

d.h. die Klammer- oder Schachtelungsstruktur der Recordausdrücke muß

*1: Man beachte hier, daß in Comskee - im Unterschied zu manchen anderen Programmiersprachen - alle Bezeichner, die einem Block zugeordnet sind, paarweise verschieden sein müssen, also insbesondere auch die Feldnamen in verschiedenen Verbunden.

immer genau passen zu der Klammerstruktur des Verbunds. Allgemein müssen beide Beteiligten an einer Record-Zuweisung oder einem Record-Vergleich (= oder ¬=) die gleiche Recordstruktur haben, d.h. sie müssen die gleiche Schachtelungsstruktur haben und auf den entsprechenden Stellen müssen die Komponenten die gleiche Struktur besitzen, das gleiche gilt wieder für die Komponenten bis hinunter auf das Niveau der vordefinierten Datentypen (string, number etc.). Diese Gleichheit der Strukturen bezeichnet man auch mit Strukturäquivalenz.

Es folgt die Syntax von Record-Ausdrücken als Teil der Syntax von "factor" (vgl. Kap. 2.4, Aufbau von Ausdrücken); der hier interessante Teil ist in Punkte eingerahmt.

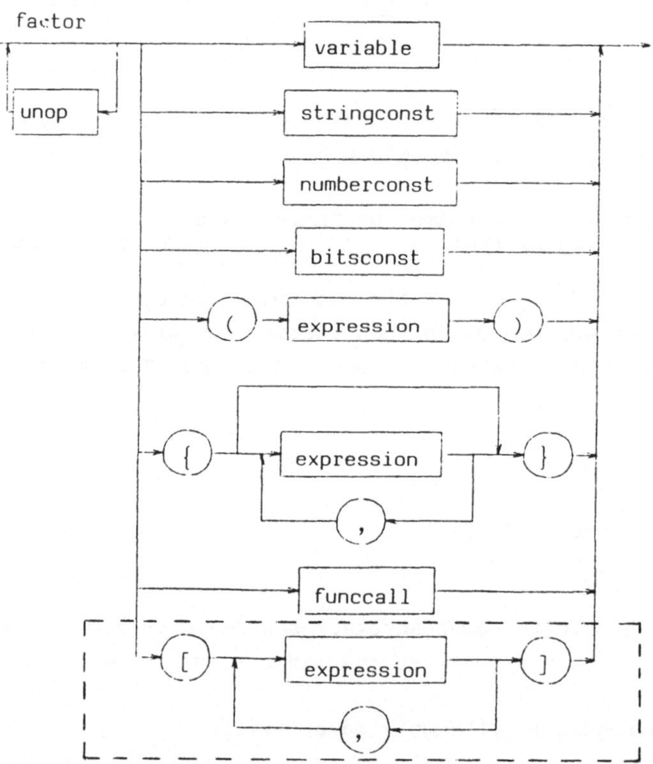

Aus dem Syntaxdiagramm geht hervor, daß innerhalb einer record-expression die Komponenten ganz beliebige Ausdrücke sein können und nicht nur Konstanten wie in unserem Beispiel, sondern auch "arithmetische Ausdrükke" und Variable, ja sogar record-Variable.
z.B. ist

```
PersKennGroesse := [Name,#Vorname * 13]
```

ein, wenn auch nicht sinnvolles, so doch korrektes Beispiel. Man beachte, daß auf beiden Seiten des Zuweisungszeichens die Record-Struktur identisch ist, nämlich [[SS]N], da Name die Recordstruktur [SS] hat [*1]

Man kann records auch als Parameter übergeben, gerade hierbei kommt ihre Eigenschaft, die logische Datenabstraktion zu unterstützen, voll zur Geltung. Um unser Beispiel weiter zu spielen, nehmen wir an, wir hätten eine Prozedur

```
proc DruckePersBeschr (record( record(string Vn,Nn)N, number Kw)Pkg)
begin /* druckt die durch Pkg gegebene Personenbeschreibung */
  .
  .
  .
end                [*2]
```

Wir können die Prozedur jetzt aufrufen, etwa

```
call DruckePersBeschr(PersKennGroesse)
```

oder

```
call DruckePersBeschr([Name, #Vorname*13])
```

oder

```
call DruckePersBeschr([[Vorname, Nachname], Kragenweite])
```

auch hier - wie bei Zuweisung oder Vergleich - müssen die Record-Strukturen von formalem Parameter (hier "Pkg") und aktuellem Parameter exakt übereinstimmen, d.h. formaler und aktueller Parameter müssen strukturell äquivalent sein. Der Unterschied zwischen dem ersten und dem dritten call liegt übrigens darin, daß im ersten Fall PersKennGroesse direkt und "by reference" (vgl. 6.4) übergeben wird, wohingegen im 3. call eine Kopie von PersKennGroesse als Parameter übergeben wird, die Kopie allerdings wird "by reference" übergeben, da die Übergabeart nicht vom Unterprogrammaufruf, sondern von der Unterprogrammdeklaration abhängt. Wird der formale Parameter in der Prozedur verändert (wovon man in einer Druck-Prozedur natürlich absehen sollte, aber möglich wäre es), so "trifft" dies im ersten Fall die Variable PersKennGroesse, wohingegen im dritten Fall nur die beim Aufruf angegelegte Kopie dieser Variablen

*1: Hierbei soll N bzw. S die Basistypen Number bzw. String bedeuten und [bzw.] die Klammerstruktur des Records repräsentieren.

*2: Selbstverständlich hätten wir den formalen Parameter "Pkg" (es ist ein solcher) auch wieder genauso wie PersKennGroesse und seine Unterstrukturen nennen können, oder auch ganz anders.

verändert würde.

Noch eine Bemerkung zu den Namen von Recordvariablen und denen ihrer Komponenten:

Für diese Namen gelten die gleichen Bedingungen über Gültigkeit und Sichtbarkeit und auch die Forderung nach Eindeutigkeit innerhalb eines Blocks, wie für die Namen von Nicht-Record-Variablen oder sonstiger benannter Größen [*1] . Insbesondere kann es vorkommen, daß in einem inneren Block nur noch bestimmte Teile eines Records sichtbar sind, wohingegen die restlichen Teile durch lokale bzw. weiter innen deklarierte Größen gleichen Namens "verdeckt" sind.

Ist beispielsweise in unserem Programm mit der PersKennGroesse eine Prozedur

```
proc P
begin string Name;
   .
   .
   .
end
```

so ist innerhalb von P (falls nicht durch andere Einflüsse eingeschränkt) von dem Record "PersKennGroesse" der Record selbst und jede seiner Basis-Komponenten ("Vorname", "Nachname", "Kragenweite") referierbar, nicht aber der Unter-Record "Name", der durch die lokale Variable gleichen Namens verdeckt ist.

7.2 Felder

7.2.1 Motivation

Die wirkliche Bedeutung von records wird besonders deutlich im Zusammenhang mit der Datenstruktur, die in diesem Paragraphen eingeführt wird: den Feldern, oder engl. array. Es gibt eine Vielzahl von (Programmierungs-) Problemen, bei deren Lösung man auf eine Reihe gleichartiger

*1: Man beachte hier den Unterschied zu vielen anderen Programmiersprachen, die allerdings auch verschiedene Konzepte realisieren. Dem Nachteil der geringeren Universalität, der Möglichkeit, mit Typen quasi zu rechnen, steht bei Comskee der Vorteil der leichteren Erlernbarkeit und der größeren Fehlersicherheit entgegen.

Daten zugreifen muß.

Betrachten wir ein Hausverwaltungssystem, in dem u.a. abgespeichert werden soll, wie die Namen der Mieter der einzelnen Wohnungen sind.

Nehmen wir an, das Haus hätte je eine Wohnung im Erdgeschoß und im 1. und 2. Obergeschoß, so ist es sinnvoll 3 Variablen

```
string Mieter_Wohnung_EG,
       Mieter_Wohnung_OG1,
       Mieter_Wohnung_OG2;
```

zu deklarieren.

Eine Funktion, die zu einer Wohnungsidentifizierung (EG, OG1 oder OG2) den aktuellen Mieter "berechnet" ist die folgende:

```
func string Akt_Mieter (string Wohnungs_ident)
begin
  case Wohnungs_ident
  with 'EG' : return Mieter_Wohnung_EG;
  with 'OG1': return Mieter_Wohnung_OG1;
  with 'OG2': return Mieter_Wohnung_OG2;
  else write 'Falsche Wohnungsidentifikation:'
             cat Wohnungs_ident;
       return ''; /* Irgend einen Wert zurueckliefern */
  esac;
end /* Akt_Mieter */
```

Wenn wir jetzt aber dieses Wohnungsverwaltungssystem auf ein Hochhaus mit, sagen wir, 100 Wohnungen erweitern wollen, so hätten wir 100 Variablen der Art Mieter_Wohnung_1, Mieter_Wohnung_2, etc. zu deklarieren, unsere Funktion Akt_Mieter hätte über 100 Zeilen, genau wie jede andere Prozedur, die irgend eine der 100 Variablen referiert. Wir sehen auch, daß z.B. die hypothetischen 100 Zugriffe auf die einzelnen Variablen in Akt_Mieter von sehr gleichartiger Struktur sind. Und solche gleichmäßigen Strukturen sind für Computer besonders gut geeignet, das ist sozusagen die Domäne der Rechner. Auch in Comskee (wie in fast allen höheren Programmiersprachen) gibt es ein Sprachmittel, mit dem man viele gleichartige Variablen kreieren kann und das es gestattet, diese so geschaffenen Variablen auch uniform zu verarbeiten.

Dieser Datentyp heißt <u>array</u> [*1] . Bei einem Array (im Deutschen auch als "Feld" oder "Reihung" bezeichnet) handelt es sich um einen Typ, bei dem mehrere, gezielt einzeln ansprechbare Exemplare vom gleichen Elementtyp zusammengefaßt sind. Der Elementtyp kann dabei einer der Basistypen (string, number, bits, set, file usw.) sein, oder ein zusammengesetzter

---

*1: engl. die (Reih- und Glied-) Ordnung

Record-Typ, allerdings können array-Typen nicht in einem anderen array eingeschachtelt sein.

Die Lösung für das oben angeschnittene Problem mit der Mieterzuordnung zu den Wohnungen wäre mit diesem Sprachmittel etwa zu lösen, indem man alle Wohnungen mit den Zahlen von 1 bis 100 durchnumeriert und folgende Variable deklariert:

```
array string Mieter [1:100]
```

Die Funktion Akt_Mieter hätte damit folgende Gestalt:

```
func string Akt_Mieter (number Wohnungsnr)
begin
  if 1<=Wohnungsnr and Wohnungsnr<=100
  then return Mieter [Wohnungsnr]
  else
    write 'Falsche Wohnungsnr: ' cat cns(wohnungsnr,*);
    return '';
  fi
end; /* Akt_Mieter */
```

<u>Betrachten wir folgende Aufgabe:</u>

Man schreibe ein Programm, das eine Reihe von Wörtern (strings) einliest und sie sortiert wieder ausgibt (Erklärungen schließen sich an den Programmtext an):

```
SORT: begin number Listen_Laenge;
  write 'Wieviele Elemente sollen sortiert werden?';
  read Listen_Laenge; /* Diese Zahl gibt die Laenge des Arrays an */
  begin array string Liste[1:Listen_Laenge];
    number I, J, Min_Index;
    string H; /* Hilfszelle zum Umordnen */
    for I from 1 to Listen_Laenge
    loop
      read Liste[I];
    pool;
    for I from 1 to Listen_Laenge-1
    loop /* Die Elemente von 1 bis I-1 sind schon sortiert, bestimme
            nun das kleinste Element unter dem Rest */
      Min_Index := I; /* Erster Ansatz, das erste ist es schon,
                         wir merken uns nur seinen Index */
      for J from I+1 to Listen_Laenge
      loop
        if Liste[J]<Liste[Min_Index] then
          Min_Index := J;
        fi;
      pool; /* Schleife ueber J */
      if Min_Index¬=I then /* Unser erster Ansatz war falsch, wir
                                muessen tauschen */
        H := Liste[Min_Index]; /* Zwischenspeichern */
        Liste[Min_Index] := Liste[I]; /* das alte nach hinten */
        Liste[I] := H; /* und das neue nach vorne */
      fi; /* Jetzt sind die Elemente von 1 bis I sortiert */
    pool; /* Schleife ueber I */
     /* Jetzt sind alle Elemente von 1 bis Listen_Laenge-1 sortiert,
        und damit alle (das letzte koennte nur noch mit sich selbst
        vertausch sein) */

    write 'Ausgabe der Elemente in sortierter Reihenfolge';
    for I from 1 to Listen_Laenge
    loop
      write Liste[I];
    pool;
  end; /* Innerer Block */
end /* SORT */
```

Erklärung zu diesem Programm

Zuerst wird die Anzahl der zu sortierenden Elemente bestimmt, d.h. sie wird als Zahl eingelesen (Listen_Laenge). Anschließend wird ein neuer Block begonnen, in dem das Feld Liste deklariert ist mit genau so vielen Elementen. Diese werden dann in der ersten loop . . . pool Schleife eingelesen. Nachdem alle Elemente eingelesen sind, werden sie in einer Konstruktion, die aus zwei geschachtelten loop-pool-Schleifen besteht, sortiert. Hierbei durchläuft die äußere Schleife alle (bis auf die letzte, siehe entsprechenden Kommentar) Positionen im array. Das Element der entsprechenden Position wird dabei auf mit dem minimalen Element der verbleibenden Elemente vertauscht, d.h. an die erste Position wird das absolut minimale, an die 2. Position das zweit-kleinste usw. gebracht. Die innere loop-pool-Schleife dient zur Bestimmung der Position des kleinsten Elementes in dem jeweils noch verbliebenen Bereich. Ist dieser so gefundene Index ungleich dem ersten, so werden nach der inneren Schleife die zugehörigen Elemente getauscht.

Es muß hier angemerkt werden, daß es eine wesentlich elegantere Methode der Sortierung gibt, nämlich die Benutzung von Mengen, deren Elemente vom System her in lexikographisch sortierter Reihenfolge verwaltet werden. Damit hätte das Programm das folgende Aussehen:

```
Sort : begin set M;
  read M;
  write 'Ausgabe der Elemente in sortierter Reihenfolge', M;
end /* Sort */
```

Die erste Lösung ermöglicht - im Gegensatz zur zweiten - u.a. auch Daten anderer Typen, also z.B. number-Werte, oder eine 2. unabhängige Liste (in record-Typen) mitzusortieren, was mit dem set-Ansatz direkt nicht möglich ist [*1] .

7.2.2 Deklarationen von Feldern

Eine Arraydeklaration hat syntaktisch folgende Gestalt:

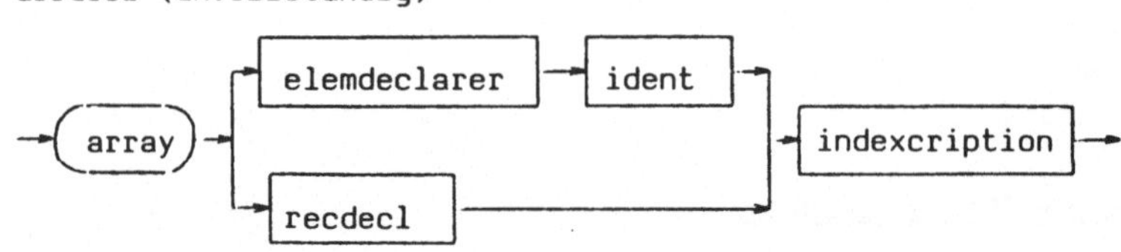

wobei in indexcription der Indexbereich festgelegt wird.

*1: Es sei aber darauf hingewiesen, daß der vorgestellte Algorithmus bei weitem nicht der schnellst-mögliche ist, es gibt Sortieralgorithmen, die um Größenordnungen schneller arbeiten, was sich umso mehr bemerkbar macht, je mehr Elemente sortiert werden müssen

indexcription (unvollständig)

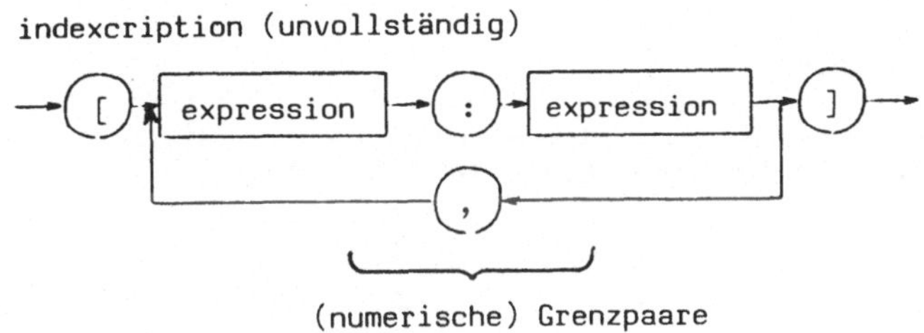

Beispiele für Arraydeklarationen:

```
array string AS[1:N];
array number MX [1:N,-(2**M):2**M-1];
array record (string S, number N)SN [10:20];
```

Hierbei bestehen die Grenzpaare aus beliebigen Ausdrücken, die einen ganzzahligen Wert vom Typ number liefern. Der linke Wert in einem Grenzpaar muß jeweils kleiner oder gleich dem rechten Wert dieses Grenzpaares sein. Die Anzahl der Grenzpaare in der "indexcription" ist die Dimension des arrays. Arrays dürfen eine beliebige Dimension >= 1 besitzen (Anzahl der Grenzpaare). Die Arraydeklarationen werden beim Eintritt in den Block abgearbeitet, zu dessen Deklarationsteil sie gehören. Zu diesem Zeitpunkt werden die Werte der Grenzpaare berechnet, die dann über die gesamte Dauer der Bearbeitung dieses Blocks ihre Gültigkeit für dieses array behalten. Arrays in Comskee sind dynamisch in dem Sinne, daß die Ausdrükke in den Grenzpaaren auch nicht-konstant sein dürfen [*1] , im vorangegangenen Beispiel war die Feldgröße eine Variable, die zu Beginn des Programms eingelesen wurde.

7.2.3 Zugriff auf Feldkomponenten

Die Syntax des Zugriffs auf eine Komponente eines arrays wird ausgedrückt in der Syntax für Variable:

*1: Z.B. in Pascal oder FORTRAN sind an dieser Stelle nur Konstanten zulässig

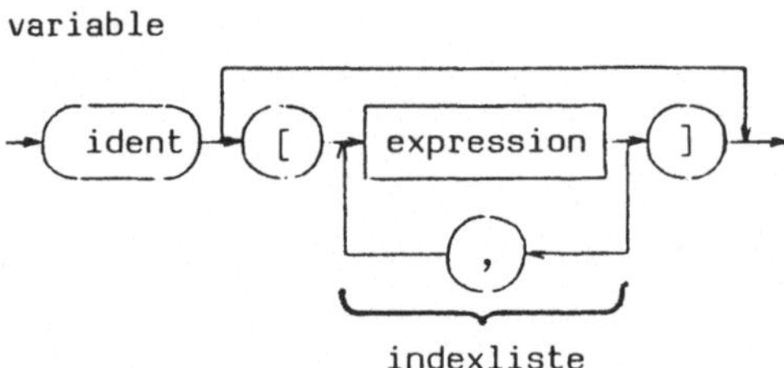

Der Fachausdruck für den Feldzugriff lautet "wahlfreier Zugriff" oder auch "random access mode" (daher auch "RAM", random access memory, ein Ausdruck für den Hauptspeicher eines Computers), womit gemeint ist, daß man in beliebiger Reihenfolge auf die einzelnen Komponenten eines arrays zugreifen kann, und nicht darauf beschränkt ist, nur sequentiell zuzugreifen - wie das aus naheliegenden Gründen bei den Daten, die auf einem Magnetband gespeichert sind, notwendig ist. In einem Zugriff auf ein array-Element (sei es lesend oder schreibend) müssen selbstverständlich die Indizes der Indexliste zur Deklaration passen, d.h.

- ihre Anzahl muß mit der Anzahl der Grenzpaare übereinstimmen
- es müssen ganzzahlige Werte vom Typ number sein
- sie müssen in den durch die jeweiligen Grenzpaare definierten Zahlenintervallen liegen. [*1]

Also z.B. (passend zu den obigen Deklarationsbeispielen)

```
AS[5] oder
MX[N,0] oder MX[I,2*J-1] oder
SN[ #S[17] +10 ]
```

Eine indizierte Variable kann an jeder Stelle stehen, wo auch eine einfache Variable stehen kann, insbesondere

- auf der linken Seite einer Zuweisung, z.B.
  `AS[5+I]:= 'ABC'`
- als Parameter in einem Prozeduraufruf, z.B.

---

*1: Verstöße gegen diese Regeln können bis auf Punkt 3 schon während der Übersetzung des Programms festgestellt werden. Die Werte der Indizes und der Grenzpaare lassen sich i.a. erst zur Laufzeit berechnen. Auch ist diese Überprüfung optional, d.h. sie kann zu- oder abgeschaltet werden.

```
call P(MX[I,J])                [*1]
```

- als Variable in der <u>read-Anweisung</u> , z.B.

```
read S[2*I+15]
```

- in Teilstringzugriffen und -ersetzungen, z.B.

```
AS[I](1:' ') := 'Wort';
```

- und natürlich an allen Stellen, wo lediglich der Wert berechnet wird.

<u>Beispiel</u> (zur Illustrierung des Parameterübergabemechanismus' bei Arraydeklarationen)

```
ARRBSP: begin
  array string A[1:2];
  number I;
  proc P(string S)
  begin
    write S;
    I := 2;
    write S;
    S := 'abc'
  end; /* P */

  A[1] := 'ABC';
  A[2] := 'DEF';
  I := 1;
  call P(A[I]);
  write A[1] cat A[2]
end
```

Das Programm druckt nacheinander:

```
ABC
ABC
abcDEF
```

Der wichtige Punkt bei diesem Beispiel besteht darin, daß mit dem formalen Parameter S immer A[1] verbunden ist, auch nachdem sich der Wert von I in der Prozedur geändert hat. Es gilt also für den Parameter der Index-Wert beim Prozeduraufrufzeitpunkt für die gesamte Ausführungszeit

*1: Falls in diesem Fall der Parameter von P nicht value spezifiziert wird, und innerhalb von P der formale Parameter verändert wird, so wird auch das Arrayelement mitverändert. Siehe auch das folgende Beispiel.

der Prozedur.

7.2.4 Felder als Parameter von Prozeduren

Wir hatten oben gesehen, daß es möglich ist, einzelne array-Elemente als Parameter an eine Prozedur zu übergeben. Daneben besteht in Comskee aber auch noch die Möglichkeit, ganze arrays, deren Komponenten auch wiederum records sein können, als Parameter zu übergeben. Um Prozeduren unabhängig zu halten von speziellen Werten der "Grenzpaare" in den einzelnen Dimensionen der array-Parameter, weicht die Syntax der Spezifikation eines solchen Parameters etwas ab von einer normalen Arraydeklaration. An die Stelle der Grenzpaare tritt jeweils ein *. Die Syntax von indexcription sieht für diesen Fall dann folgendermaßen aus:

indexcription (unvollständig)

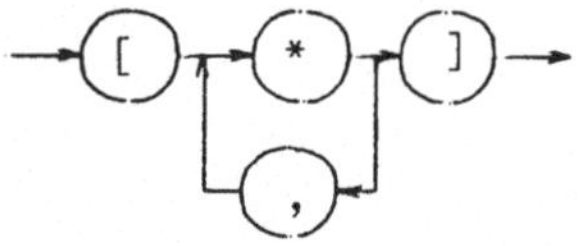

So sieht der Kopf einer Prozedurdeklaration mit formalem Parameter vom Typ array string (2-dimensional) etwa folgendermaßen aus:

```
proc P(array string S[*,*])
```

Als aktuelle Parameter kommen dann Arrays in Frage, die etwa folgendermaßen deklariert sind:

```
array string AS [1:10,0:N]
```

und ein Prozedurablauf für dieses array sieht dann so aus:

```
call P(AS)
```

Beispiel:

Wir nehmen das Programm aus 7.2.1 und verwandeln den Hauptteil, nämlich die Sortierkomponente, in eine Prozedur. Als Parameter wird dann das zu sortierende array und seine Größe übergeben, genauer seine Obergrenze, die Untergrenze wird als konstant 1 angenommen.

```
proc PSORT (array string Liste[*]; number value N)
begin /* Sortiere das Array Liste im Indexbereich von 1 bis N */
  number I, J, Min_Index;
  string H; /* Hilfszelle zum Umordnen */

  for I from 1 to N-1
  loop /* Die Elemente von 1 bis I-1 sind schon sortiert, bestimme
          nun das kleinste Element unter dem Rest */
    Min_Index := I; /* Erster Ansatz, das erste ist es schon,
                       wir merken uns nur seinen Index */
    for J from I+1 to N
    loop
      if Liste[J]<Liste[Min_Index] then
        Min_Index := J;
      fi;
    pool; /* Schleife ueber J */
    if Min_Index¬=I then /* Unser erster Ansatz war falsch, wir
                            muessen tauschen */
      H := Liste[Min_Index]; /* Zwischenspeichern */
      Liste[Min_Index] := Liste[I]; /* das alte nach hinten */
      Liste[I] := H; /* und das neue nach vorne */
    fi; /* Jetzt sind die Elemente von 1 bis I sortiert */
  pool; /* Schleife ueber I */
   /* Jetzt sind alle Elemente von 1 bis N sortiert,
      und damit alle (das letzte koennte nur noch mit sich selbst
      vertausch sein) */
end; /* PSORT */
```

Die Prozedur PSORT kommt völlig ohne Zugriff auf globale Größen (d.h. solche, die in einem umfassenden Block deklariert wären) aus und sortiert ganz beliebige 1-dimensionale string-arrays, allerdings unter der Voraussetzung, daß deren linke Grenze = 1 ist, man könnte aber - genau wie N, die rechte Grenze, auch die linke Grenze als zusätzlichen Parameter vorsehen und in der for-I-Schleife als Anfangswert einsetzen.

Eine Besonderheit von Comskee soll hier nicht unerwähnt bleiben, nämlich der aktuelle Parameter (als array) muß nicht ein eigenständiges Objekt sein, sondern kann ein Unterrecord sein, vorausgesetzt Recordstruktur (bzw. Grundtyp) von formalem und aktuellem Parameter stimmen überein, und die Dimension des formalen Parameters ist gleich der des Record-arrays, deren Unterrecord der aktuelle Parameter ist. Z.B. kann man für:

```
array record(string S, number W, string T) REC[1:20]
```

die Prozedur PSORT (von oben) aufrufen mit :

```
call PSORT (S,20) oder auch
call PSORT (T,20)
```

Der Effekt eines Aufrufs der Prozedur wäre in diesem Fall natürlich nur eine Sortierung in der betreffenden Komponente, in z.B. der Komponente W von REC würde sich nichts ändern.

Zusammenfassung:

Arrays bieten die Möglichkeit, eine (beliebige, erst zur Laufzeit des Programms festliegende) Anzahl von gleichartigen Datenelementen in einer Reihe, einer Matrix oder einem höherdimensionalen Gebilde so anzuordenen, daß auf sie mit ganzzahligen Indizes zugegriffen werden kann. Diese Gebilde können aber auch als Ganzes - oder bei records auch als subrecords - an Prozeduren übergeben werden. Die Größe eines Arrays wird erst zum "Deklarationszeitpunkt" bestimmt, indem für die einzelnen Dimensionen eine untere und eine obere Grenze festgelegt werden.

7.3 Dateien

7.3.1 Begriffe und Motivation

Eine ganz wichtige Datenstruktur sind die "Dateien" oder, im englischen Ausduck "Files". So wird im Rechner jedes Comskee-Programm in einem Datei abgelegt, sei es nun der Quelltext oder sei es das übersetzte Programm. Man kann sagen, daß man in einem Universalrechner Files auf Schritt und Tritt begegnet. Das fängt an mit der Eingabe - die, egal ob vom Terminal, oder wie früher üblich, über Lochkarten oder Lochstreifen - zuerst in einem File aufgesammelt wird, bevor sie verarbeitet werden kann bis hin zur Ausgabe auf das Bildschirmterminal oder den Drucker, die auch erst in einem File gesammelt wird, bis sie komplett ausgegeben werden kann. I. a. gilt, daß ein File als Speichermedium für bestimmte Daten immer dann verwandt wird, wenn diese

- (potentiell) sehr umfangreich sind und/oder
- längerfristig aufgehoben werden sollen

Auf der physikalischen Seite gilt, daß sich Files meist auf Magnetplatten oder -bändern befinden. Gerade diese Speichermedien erfüllen die 2 Forderungen von oben. Als Nachteil gegenüber dem Speichermedium für den "Hauptspeicher", der entweder als sog. Kernspeicher [*1] oder als Halbleiterspeicher [*2] ausgeführt ist, haben Platten und Bänder eine erheblich längere Zugriffszeit (im Millisekunden - Bereich gegenüber Mikro- und Nanosekundenbereichen beim Hauptspeicher, also ein Faktor in der Größenordung von 100.000). Dazu kommt bei Magnetbändern, daß sie nur sequentiell gelesen und beschrieben werden können, d.h. wenn man z.B. etwas auf einem Band lesen möchte, was ganz am Ende steht, muß man erst auch noch alles, was davor steht, lesen und daraufhin überprüfen, ob es nicht schon das ist, was man lesen will (man kennt dies auch vom Tonband zuhause). Und dieser Vorgang des Vorspielens des Bandes dauert schon Minuten, so daß man sinnvollerweise ein Magnetband nur im sequentiellen Modus liest und beschreibt. Anders ist es bei einer Magnetplatte; bei der kann man - ähnlich wie man bei einer Langspielplatte direkt auf z.B. das dritte Musikstück positionieren kann - auch jeden Block "direkt" auswählen. Diese beiden Zugriffsarten auf den Hintergrundspeicher (im Gegensatz zum Hauptspeicher) werden auch widergespiegelt durch die 2 Zugriffsarten für Files in Comskee. Wir haben dort den

- sequentiellen Zugriff und den
- wahlfreien Zugriff (Random Zugriff [*3])

genau wie dies auch für die beiden klassischen Fileträgermedien gilt. Allerdings ist der sequentielle Zugriff auch bei dem nichtsequentiellen Medium Platte erlaubt und definiert (zumindest unter gewissen Voraussetzungen). [*4]

*1: Es handelt sich dabei um eine weitgehend verdrängte Technologie, bei der magnetisierte Ferritringe von mm-Größe einzelne Bits speichern.
*2: Hierbei können je nach Technologie bis zu mehreren Hundertausend Bits auf einem (max. etwa 10 mal 10 mm großen) Chip gespeichert werden
*3: random: (engl.) Zufall
*4: Heutzutage spielen Magnetbänder bei weitem nicht mehr die Rolle, die sie z.B. in den 60er Jahren gehabt haben, als Magnetplatten noch teuer, relativ langsam im Zugriff und klein in der Kapazität waren. Ihr Haupeinsatzgebiet liegt in der Datensicherung und im Transport von Daten zwischen verschiedenen Rechnern.

In Comskee ist es sogar möglich, zwischen sequentiellem und wahlfreiem Zugriff hin- und herzuschalten (soweit sinnvoll). Ein File wird in Comskee - unabhängig von der Zugriffsart - deklariert durch z.B. (vgl. Kapitel 2.3)

```
file F
```

Damit deklariert man eine Filevariable mit dem Namen "F". [*1] Man sagt auch, daß "F" der interne oder programminterne Name dieses Files ist. Dieser interne Name ist nur innerhalb des Programmes gültig in dem er deklariert wurde (und auch da natürlich nur in seinem Gültigkeitsbereich). Wir hatten aber schon gesehen, daß eine besondere Eigenschaft von Files die ist, daß sie länger als nur während eines Programmlaufs existieren und die in ihnen gespeicherten Daten erhalten. Aus diesem Grunde gibt es zu jedem Comskee-File noch (mindestens) einen (er kann wechseln) externen Namen. Es handelt sich bei diesem Namen um denjenigen, über den das File im Betriebssystem des Rechners ansprechbar ist. Eine Zuordnung zwischen einem solchen externen Namen und einer internen Comskee-File-Variablen geschieht mit Hilfe der connect-Anweisung.

Die Elemente oder Komponenten eines Comskee-Files sind Strings, d.h. ein File ist eine Liste von Strings, auf die wahlfrei oder sequentiell zugegriffen werden kann. [*2]

7.3.2 Die connect-Anweisung

Auch hier beginnen wir gleich mit der Syntax der connect-Anweisung:

*1: Dieser Name ist wieder völlig willkürlich gewählt; file Otto_Mueller ist auch eine zulässige Filedeklaration

*2: In manchen anderen Programmiersprachen können beliebige Daten, also auch Zahlen, direkt in Files abgespeichert werden, allerdings sind Strings auch sehr allgemein, da in ihnen alles dargestellt werden kann, so z.B. die Externdarstellung von Zahlen.

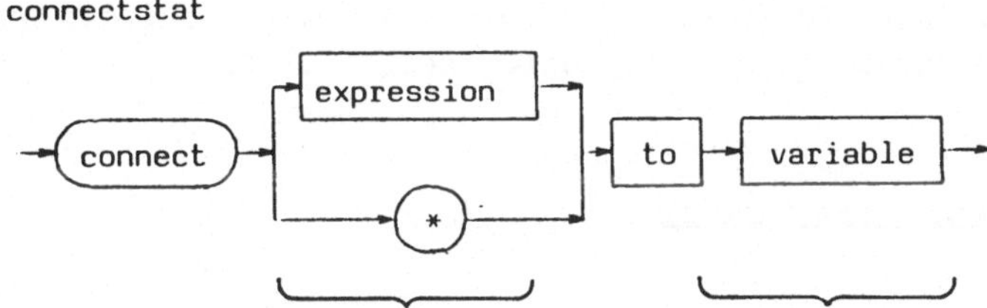

Diese connect-Anweisung gehört syntaktisch gesehen zu den Anweisungen (unlabeled Statements).

Beispiel für eine connect-Anweisung:

```
connect 'HILFSDATEI' to F
```

Wirkung dieser Anweisung:

Die File-Variable F wird mit der Datei, die den (Betriebssystem-) Namen HILFSDATEI trägt, verbunden. Eine eventuelle Beziehung zu einer anderen Datei, die vorher schon bestanden hat, wird gelöst (gleichzeitige Diskonnectierung).

Wichtig:

Erst nach der Ausführung der ersten connect-Anweisung kann über die betroffene File-Variable auch wirklich ein File angesprochen werden.

Eine (ausschließliche) Diskonnectierung (Lösen der File-Variablen von einer bestehenden Beziehung zu einem externen File) geschieht, indem in der connect-Anweisung anstelle des externen Namens ein Stern (* , nicht etwa der String '*', also z.B. connect * to F) steht. Dies ist notwendig um

- Speicherplatz freizugeben (für jede bestehende connect-Beziehung wird im Betriebssystem und/oder im Comskee-Laufzeitsystem ein nicht unerheblicher Speicher für Pufferzwecke u.ä. freigehalten)

- das File von anderen Programmen auch ansprechbar zu machen.

Ansonsten muß der Ausdruck in der connect-Anweisung einen Wert vom Typ string liefern, der als Dateiname interpretierbar sein muß. Dies kann eine Stringkonstante (wie im Beispiel) oder ein beliebiger Ausdruck sein. Was als Dateiname zulässig ist, hängt vom Betriebssystem des Rechners ab.

Zum Zeitpunkt der Ausführung der connectanweisung muß ein entsprechend benanntes File vorhanden und zugreifbar sein [*1]).

7.3.3 Der sequentielle Zugriff

Der sequentielle Zugriff auf ein File ist im Prinzip dem Zugriff (lesen und schreiben) auf die Konsole sehr ähnlich. Er geschieht mithilfe (gegenüber dem Konsolenlesen/-schreiben entsprechend modifizierten) read- und write-Anweisungen. Dazu deren vollständige Syntax:

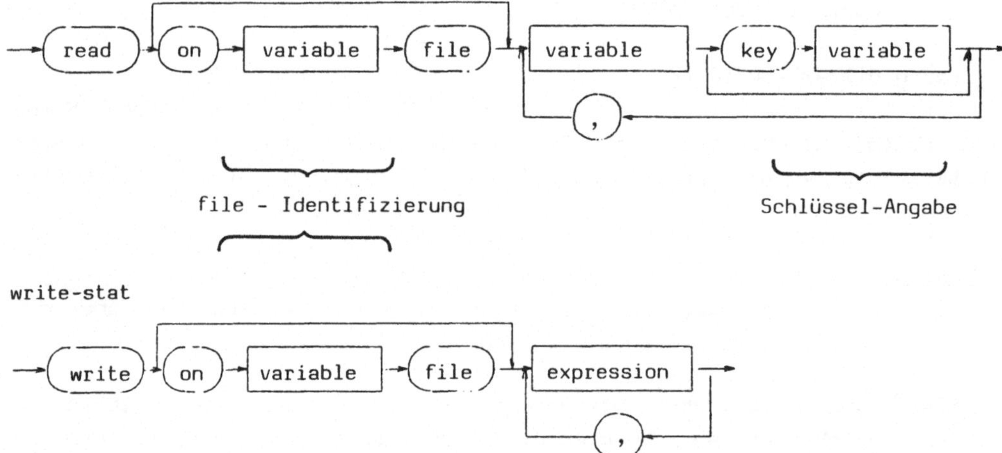

Fehlt in einer read- oder write-Anweisung die File-Identifizierung, so handelt es sich um den (schon in Kap. 4.1 behandelten) Fall des Einlesens von der Benutzerkonsole, bzw. Schreibens auf die Konsole und/oder den Drucker. In diesem Fall handelt es sich um einen sequentiellen File-Zugriff.

*1: Das ist nicht das gleiche, Auch auf der Betriebssystemebene gibt es scopes, d.h. manche Objekte sind "sichtbar" und andere nicht.

Beispiel:

```
        read on F file Esatz
```

Wirkung:
Lese im durch die Filevariable F identifizierten File den nächsten Satz und weise diesen der (String-) Variablen Esatz zu. [*1]

Die Verwendung einer Schlüsselangabe ist bei solchen Dateien möglich, für die auch der wahlfreie Zugriff (vgl. nächsten Abschnitt, 7.3.4) definiert ist. Die Variable der Schlüsselangabe muß vom Typ number sein, und sie erhält bei der Ausführung einer read-Anweisung als Wert denjenigen Schlüssel (oder Index), unter dem der gerade gelesene Satz abgelegt war (und natürlich noch ist).

Beispiel:

```
    read on F file Esatz1 key Esatznr1,
                   Esatz2 key Esatznr2
```

Wirkung:
lese die nächsten 2 Sätze aus dem File mit dem internen Namen F und weise sie den Stringvariablen Esatz1 und Esatz2 zu. Die zugehörigen Schlüssel weise den Numbervariablen Esatznr1 und Esatznr2 zu. [*2]

Das sequentielle Schreiben auf ein File geht dann völlig analog zum sequentiellen Lesen bzw. Konsolschreiben (einfaches write ohne file-Angabe). Zu beachten ist, daß man i.a. den letzten Satz einer Datei schreibt, d.h. auch wenn die Datei vorher länger war, ist nach einem sequentiellen Schreiben der Teil, der hinter der aktuellen Position liegt, nicht mehr zugreifbar (aber auch hier gibt es Ausnahmen, je nach Betriebssystem und Datei-Art).

---

*1: Ein File ist (im Comskee-Sinne) immer eine Aneinanderreihung von Strings, hier Sätze genannt, entsprechend geschieht der Zugriff immer über Stringvariable bzw. String-Ausdrücke.

*2: Es gilt dann zwar Esatznr2>Esatznr1 oder Esatznr2=0 (Dateiende erreicht s.u.), es muß aber nicht unbedingt Esatznr2=Esatznr1+1 gelten, da die Schlüssel in einer Datei nicht notwendig "dicht" vergeben werden

<u>Beispiel:</u>

```
        write on F file Asatz
oder
        write on F file 13*' '+S(1:entier(#S/2))
```

Wirkung:
hinter die aktuelle Position (im File F) wird der String geschrieben, der sich nach Auswertung des Ausdrucks als Wert ergibt. Die aktuelle Position wird um 1 erhöht, d.h. der nächste sequentielle Schreibzugriff schreibt genau hinter den gerade jetzt abgelegten Satz (String). Erreicht und überschreitet man beim sequentiellen Lesen den letzten Satz eines Files, so gibt es keinen Laufzeitfehler, sondern es wird als Recovery-Wert der Leerstring ausgelesen und - soweit angegeben und zulässig - als Schlüssel eine 0 zurückgeliefert. Der zurückgelieferte Leerstring trägt das recovery-Attribut, d.h. ist z.B.

```
        read on F file S key K
```

eine solche Anweisung, die versucht hinter dem letzten belegten Satz eines Files zu lesen. So gilt anschließend

```
        S='' und S=* und K=0
```

7.3.4 <u>Der wahlfreie Zugriff</u>

Neben dem sequentiellen Zugriff gibt es in Comskee auch die Möglichkeit, gezielt auf bestimmte Sätze in einem File zuzugreifen. Die Sätze werden hierbei über eine Nummer (ganzzahlig, >0) identifiziert, die auch in der sequentiellen File-read-Anweisung über die Schlüsselangabe erfragt werden kann. Die Voraussetzung für diese Zugriffsmöglichkeit ist allerdings, daß die Datei, auf die zugegriffen werden soll, eine besondere Struktur aufweist. Es muß sich um eine sog. ISAM- oder VSAM-Datei handeln, dieser Typ wird bei der Kreation der Datei auf der Betriebssystemschnittstelle angegeben.

Im wahlfreien Modus sieht ein File in Comskee - syntaktisch wie semantisch - wie ein eindimensionales array string aus. Ist F eine File-Variable, die außerdem noch - wie beim sequentiellen Zugriff - über die connect-Anweisung mit einem realen File verbunden wurde, so bedeutet

```
F[I] := S
```

das folgende: Weise dem I-ten Satz (z.B. dem mit der Nr. 17, falls I den Wert 17 hat) den Wert der (String-) Variablen S zu oder mit

```
T := '>' + F[2*N+1] + '<'
```

wird auf einen Satz von F lesend zugegriffen, dessen Schlüssel erst in einem arithmetischen Ausdruck ermittelt wird. Im wahlfreien Zugriff kann es auch passieren, daß man versucht, einen undefinierten Satz zu lesen. Auch in diesem Fall wird als recovery-Wert der Leerstring zurückgeliefert. Auch kann man die Definiertheit eines Satzes in einem File einfach durch z.B.

```
if F[100]¬=* then /* Satz 100 in File F definiert */
```

abfragen. Umgekehrt ist es auch möglich, einen Satz in einem File zu löschen. Dies geht analog durch z.B.

```
F[I] := *; /* Loesche in F den Satz mit Schlüssel I, egal ob er
                existiert oder nicht */
```

Dazu sei hier die Syntax einer Zuweisungsanweisung komplettiert:

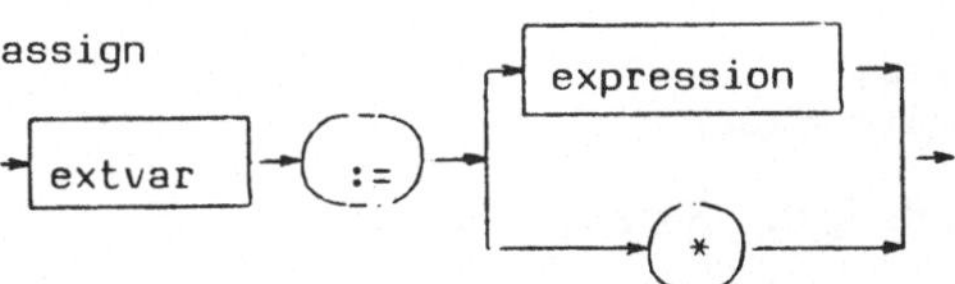

7.3.5 <u>Die Dateigröße</u>

Oft ist es interessant, den größten belegten Schlüssel in einer Datei zu kennen. (Bei sequentiell erzeugten Files ist dies auch gleichzeitig die Anzahl der Sätze.) Diesen Schlüssel erhält man durch den unären Operator #, also ist z.B. #F der höchste belegte Schlüssel in dem File, das durch die File-Variable F identifiziert wird [*1] .

*1: Diese Operation ist meist für sequentielle Dateien nicht definiert, es wird dann eine 0 zurückgeliefert

Beispiel: Löschen aller Sätze in einer Datei [*1]

```
for I from 1 to #F
loop
  F[I] := *; /* loesche diesen Satz im File */
pool;
```

7.3.6 Beispiel für Fileverwendung

Aufgabe: Kopieren einer Datei im wahlfreien Modus auf eine andere bei gleichzeitiger Neuvergabe der Schlüssel in 10er Schritten. Die Quelldatei kann sequentielle oder wahlfreie Struktur besitzen.

```
F_REORG: begin /* Reorganisieren und Kopieren eines Files */
  file Infile, Outfile;
  string Infilename, Outfilename, Satz;
  number I, Schluessel;

  write 'Gib Namen der Quelldatei'; read Infilename;
  write 'Gib Namen der Zieldatei'; read Outfilename;
  connect Infilename to Infile;
  connect Outfilename to Outfile;

  I := 0;
  read on Infile file Satz;
  while Satz ¬= * /* Dateiende noch nicht erreicht */
  loop
    I := I+10;
    Outfile[I] := Satz;
    read on Infile file Satz;
  pool;
  write 'Anzahl übertragene Sätze: ' + cns(I/10,*)
end /* F_REORG */
```

Erläuterungen:

In den connect-Anweisungen werden die beiden internen Files mit den externen (realen) Files verbunden, deren Namen zuvor eingelesen wurden. Anschließend wird I, der Zähler im Zielfile, initialisiert und der erste Satz im Quellfile gelesen. Zu Beginn der sich anschließenden Schleife wird überprüft, ob der gelesene Satz noch ein gültiger Satz aus dem Quellfile ist oder ob schon das Fileende erreicht wurde und entsprechend

*1: Der vorgeschlagene Algorithmus ist ineffizient in dem Sinne, da jeder Satz der Datei einzeln geloescht wird. Auf Betriebssystemebene stehen dafür bessere Kommandos zur Verfügung.

ein recovery-Wert zurückgeliefert wurde. Im letzten Fall wird die Abarbeitung der Schleife beendet. In der Schleife wird zuerst I hochgezählt, dann im Direktzugriff auf das Zielfile geschrieben und der nächste Satz vom Quellfile gelesen. Nach der while-Schleife wird noch (auf der Konsole) die Anzahl der übertragenen Sätze ausgegeben.

7.4 Wörterbücher

7.4.1 Motivation

Comskee ist eine Programmiersprache, die speziell auf die Bedürfnisse der linguistischen Datenverarbeitung zugeschnitten wurde. Aus diesem Grunde gibt es in Comskee einen Datentyp, der praktisch ein Wörterbuch darstellt. Was sind die besonderen Merkmale eines Wörterbuches? Zuerst: man findet gewisse Einträge unter einem Schlüssel, der nicht, wie bei den files eine Zahl, sondern ein string ist. Also z.B. in einem (rudimentären) Englisch-Deutschen Wörterbuch findet man unter "give" (als Schlüssel) die deutsche Übersetzung "geben" (als Eintrag). Als nächstes sind Wörterbücher sehr groß, sie können durchaus 100.000 oder mehr Einträge haben. Als drittes sind die Einträge i.a. nicht einfach nur z.B. eine Übersetzung, sondern sie enthalten weitergehende Strukturinformationen wie z.B. Angaben über Deklinierbarkeit oder auch beispielhafte Verwendungen. Insgesamt gesehen ist also ein typischer Wörterbucheintrag ein strukturiertes Stück Information, das sich gut durch einen Comskee-string oder Comskee-record darstellen läßt.

7.4.2 Deklaration von Wörterbüchern

In Deklaration und Gebrauch (Referierung) sind die Wörterbücher - wie schon die files - den arrays sehr ähnlich. So leitet sich die Syntax der Deklaration der Wörterbücher aus folgendem Syntaxschema ab.

(vgl. 7.2) arrdecl

arrdecl

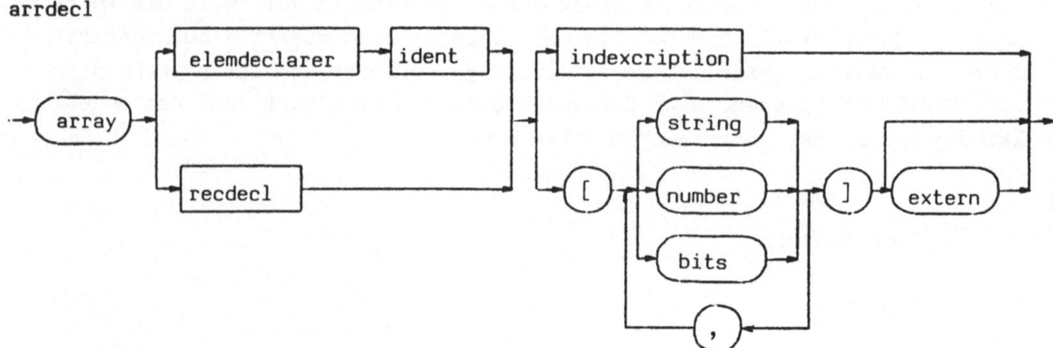

Mit dem Weg über "indexcription" werden normale arrays deklariert, über die verbleibenden Wege die erweiterten arrays, die hier - wegen des hauptsächlichen Anwendungsgebietes - Wörterbücher genannt werden. Also z.B.

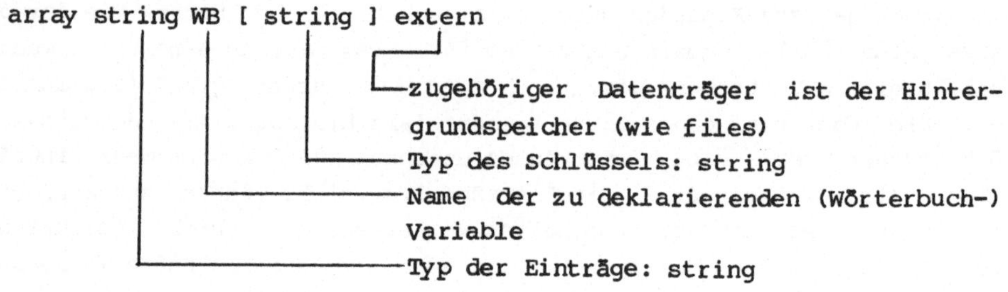

oder

array record(string Eintrag,

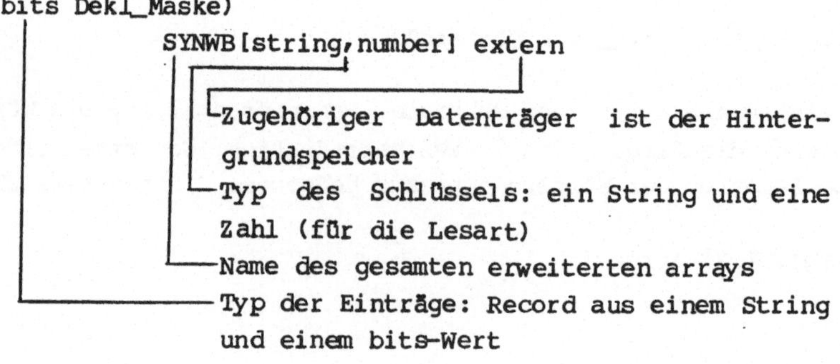

oder

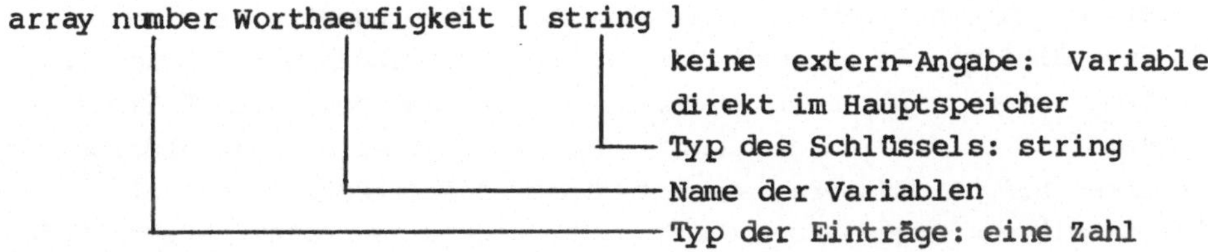

In der Sprache der Datenbankarchitektur gesprochen bildet bei einem Wörterbuch der Index den (einzigen) Primärschlüssel. Auch in dem Falle, daß der Index aus zwei Komponenten besteht, wie im Falle von SYNWB, bildet der Index, der jetzt beide Komponenten umfaßt, den Schlüssel. Um auf einen Eintrag in einem solchen Wörterbuch zugreifen zu können, müssen beide Teile des Index einen definierten Wert haben.

Will man sog. Sekundärschlüssel benutzen, so kann man z.B. ein eigenes Wörterbuch benutzen, daß den Sekundärschlüsseln die entsprechenden Primärschlüssel zuordnet. Auf diese Art kann ein Zugriff über den Inhalt, d.h. über die Einträge, in einem Wörterbuch programmiert werden.

7.4.3 Die connect-Anweisung bei Wörterbüchern

Genau wie file-Variablen stellen auch extern deklarierte Wörterbücher (oder erweiterte arrays) a priori keinen eigenen Speicherplatz zur Verfügung; dieser befindet sich in einer Datei, die erst noch über eine connect-Anweisung an die Wörterbuch-Variable angebunden werden muß.

Ein (gewünschter) Seiteneffekt dieser Abspeicherungsart liegt darin, daß die in einem externen Wörterbuch gespeicherte Information auch längerfristig, d.h. über einen aktuellen Programmlauf hinweg, aufgehoben wird.

Also z.B.

```
connect 'WBDAT' to WB
```

oder

```
connect Sprache(1:3) + 'SYN' to SYNWB
        /* DEUSYN, ENGSYN, FRASYN etc. */
```

(dies setzt voraus, daß Sprache eine Stringvariable ist, die z.B. 'DEUTSCH' oder 'FRANZÖSISCH' als Wert hat, entsprechend wird dann für SYNWB etwa die Datei DEUSYN oder FRASYN angebunden.)

Der Effekt einer connect-Anweisung bei Wörterbüchern ist dem bei Dateien sehr ähnlich. Da ein externes Comskee-Wörterbuch vom Comskee-Laufzeitsystem (also weitgehend verdeckt für den Anwender) auf übliche Dateien abgebildet wird, sind die Reaktionen des Systems hier so ähnlich. Insbesondere bricht das Programm mit einem Laufzeitfehler ab, falls es keine Datei mit dem angegebenen Namen gibt, oder diese Datei bereits andersartig (nicht als Wörterbuchdatei) benutzt worden war. Auf nicht externe Wörterbücher ist die connect-Anweisung nicht anwendbar.

7.4.4 Verwendung und Komponentenzugriff bei Wörterbüchern

Im Prinzip werden Wörterbuch-Variable genauso benutzt wie gewöhnliche array-Variablen. So ist die Syntax des Zugriffs auf eine Wörterbuchvariable durch die schon bekannte Syntax von "Variable" voll abgedeckt, der Unterschied gegenüber gewöhnlichen arrays liegt darin, daß auf der Indexposition beliebige Ausdrücke, die einen beliebigen (string-, number- oder bits-) Wert berechnen, stehen können.
Also z.B.

```
Ueb := WB[Deuwort] (1:';')
SYNWB[Lemma,1] := [Lemmaeintrag, Lemmadeklmaske(1:10)]
Worthaeufigkeit[Wort] := Worthaeufigkeit[Wort] + 1
```

Auch kann man Wörterbücher - komplett - als Parameter übergeben. die entsprechenden formalen Parameter müssen dann genauso deklariert sein, wie die aktuellen Parameter, inklusive der extern-Angabe, lediglich in dem Namen des Wörterbuchs und der seiner Attribute (im Falle, daß der Eintrag ein Record ist) braucht keine Übereinstimmung zu herrschen. [*1]

7.4.5 Spezielle Operationen auf Wörterbüchern

Auch auf Wörterbuchvariable ist wieder der Kardinalitätsoperator anwendbar. Hier liefert er die Anzahl der belegten Einträge.
z.B.

```
write 'Das Wörterbuch enthält ' + cns(#WB,*) + ' Einträge'
```

*1: Im gegensatz zu normalen Arrays kann man Wörterbücher tatsächlich nur komplett übergeben, nicht etwa auch Teilrecords

Ferner ist (wie auch bei den files) eine Abfrage möglich, ob ein bestimmter Schlüssel in einem Wörterbuch belegt ist. Dies geschieht wieder mit der Operation =* bzw. ¬=*.
z.B.

```
if SYNWB[Wort,J] ¬=* then /* Eintrag vorhanden */
```

Auch wird - wie bei den files - ein Ersatz- (Default-) Wert zurückgegeben beim lesenden Zugriff auf einem nicht definierten Eintrag. Diese Defaultwerte sind

''	(Leerstring)	bei	string
0	(Null)	bei	number
"F"	(False)	bei	bits
{}	(leere Menge)	bei	set

also ist z.B.

```
SYNWB[W,I] = ['',"F"]
```

falls SYNWB[W,I]=* ist.

Ferner ist auch bei Wörterbüchern möglich - wie bei den Files - einzelne Einträge zu löschen. Dies geschieht wieder mit der :=* - Anweisung, also z.B.

```
SYNWB[L,J] := * /* Eintrag mit Schlüssel [L,J] wird gelöscht */
```

Daneben gibt es noch 5 weitere Operationen, von denen die letzte (maxprefix) nur für Wörterbücher, bei denen der Schlüssel genau aus einem string besteht (wie WB und Worthaeufigkeit aus dem Beispiel), definiert ist. Dies sind:

first	liefert den ersten belegten Eintrag bzw. einen recovery-Leerstring bei leerem Wörterbuch
last	liefert den letzten belegten Eintrag bzw. einen recovery-Leerstring bei leerem Wörterbuch
successor	liefert bezüglich der lexikographischen Reihenfolge den Nachfolger zu einem Schlüssel in einem Wörterbuch. Der Referenzschlüssel selbst muß kein belegter Schlüssel sein, liefert einen recovery-Leerstring,

	falls der Referenzschlüssel >= dem letzten belegten Schlüssel ist.
predeccessor	liefert analog den lexikographischen Vorgänger bzw. recovery-Leerstring.
maxprefix	liefert zu einem Schlüssel den maximal langen Präfix, der einen belegten Schlüssel im angegebenen Wörterbuch darstellt, bzw. einen recovery-Leerstring, falls kein Präfix des aktuellen Argumentes gültiger Schlüssel ist.

Syntaktisch sehen die Aufrufe dieser Operationen ähnlich wie Funktionsaufrufe aus, also z.B.

```
first (Worthaeufigkeit)
oder
successor (WB,Aktkey)
oder
maxprefix (WB,'Bildschirmtext') [*1]
```

7.4.6 Beispiel für die Verwendung von Wörterbüchern

In dem folgenden Beispielprogramm wird ein Eingabetext daraufhin untersucht, welche Wörter mit welcher Häufigkeit auftreten. Die einzelnen Wörter werden dann zusammen mit ihrer Häufigkeit, alphabetisch sortiert, ausgegeben. Das Programm setzt (aus Einfachheitsgründen) voraus, daß in der Eingabedatei in jedem Satz nur ein "Wort" steht. Dem Programm ist es allerdings egal, ob nun ein solches Wort nicht auch Blanks enthält [*2] .

Im einzelnen besteht das Programm aus zwei Prozeduren und dem Hauptprogramm, das lediglich diese beiden Prozeduren aufruft. In der ersten Prozedur wird die Eingabedatei gelesen und die zentrale Datenstruktur, ein internes Wörterbuch, dessen Einträge den Typ number haben, gefüllt. Hierbei wird ausgenutzt, daß der recovery-Wert vom Typ number in Wörterbüchern der Wert 0 ist, damit erhält der erste Eintrag zu einem Wort den

---

*1: Der Wert dieses Ausdruckes könnte z.B. sein:
'Bildschirmtext' falls dies ein Schlüssel in WB ist oder
'Bildschirm' oder evtl. auch nur
'Bild' falls dies der längste Präfix ist und sogar
'' falls kein entsprechender Präfix als Schlüssel in WB festgelegt ist.

*2: Das ist wieder eine Stelle, an der die Comskee-Philosophie der voll dynamischen Daten voll zum tragen kommt.

Wert 0+1 also 1.

In der zweiten Prozedur wird nun die zentrale Datenstruktur sequentiell durchlaufen und die einzelnen Wörter, die die Schlüssel darstellen, mit ihren Einträgen, nämlich ihren Häufigkeiten, ausgegeben.

```
Wortliste : begin /* Ausgabe aller Woerter in einem
                     file mit ihrer Haeufigkeit */
  array number Worthaeufigkeit [string]; /* internes Wörterbuch */
  proc Einlese
  begin
    file Text;
    string Wort, Text_Nam;

    write 'Gib Dateinamen des Textfiles';
    read Text_Nam;
    connect Text_Nam to Text;

    loop /* lesen der Eingabedatei und Besetzen des Woerterbuchs */
      read on Text file Wort;
      if Wort=* then return;
      fi;
      Worthaeufigkeit[Wort] := Worthaeufigkeit[Wort]+1;
    pool;
  end; /* Einlese */

  proc Ausgebe
  begin
    string Wort;

    Wort := first (Worthaeufigkeit);

    while Wort≠*
    loop
      write Wort + ' kommt '
            + cns(Worthaeufigkeit[Wort],*) + ' mal vor';
      Wort := successor (Worthaeufigkeit,Wort);
    pool;
  end; /* Ausgebe */

  /* Hauptprogramm */
  /* ------------- */

  call Einlese; /* Besetzen des arrays Worthaeufigkeit */
  call Ausgebe; /* Ausgabe    "      "       "         */
end
```

VIII Linguistische Beispiele

In den vorangegangenen Kapiteln, d.h. im Text-Teil dieses Buches, wurden schon verschiedene Beispielprogramme vorgeführt, allerdings hatten diese Programme, um auf möglichst einfache Weise die behandelten Konstrukte zu illustrieren, oft nur geringen Bezug zur linguistischen Datenverarbeitung. In diesem Teil soll nun an einem Programmkomplex beispielhaft erläutert werden, wie man tatsächlich linguistisch relevante Verfahren in Comskee implementiert.

Es werden dazu einige Basistechniken vorgeführt, die man in vielen linguistischen Verfahren benutzen kann, insbesondere wird der Gebrauch der Comskee-Wörterbücher illustriert, d.h. wie man den Comskee-Datentyp Wörterbuch benutzen kann, um damit linguistisch sinnvolle Wörterbücher darzustellen.

Anschließend werden unter Benutzung der vorher erarbeiteten Wörterbuchkonzepte verschiedene Aufgaben aus dem Umfeld der automatischen Übersetzung natürlicher Sprachen (als Repräsentant für eine klassische Aufgabenstellung in der linguistischen Datenverarbeitung) behandelt. Wegen der relativen begrifflichen Einfachheit beschränken wir uns hierbei auf das sog. "front end", d.h. den ersten Teil der automatischen Übersetzung, nämlich auf die Analyse. Auch machen wir starke Einschränkungen bezüglich der Tiefe unserer Algorithmen, so nehmen wir auf semantische Information keinen Bezug und erstellen unsere Programme im wesentlichen im Hinblick auf einen syntaktischen Analysator. Wir werden aber nicht ganz bis zu einem Analysator kommen, weil ein (im Sinne der anderen vorgestellten Programme) erweiterbarer Analysealgorithmus den Rahmen dieses Buches sprengen würde.

8.1 Allgemeines zum Entwurf eines Analysewörterbuchs

Ein Analysewörterbuch benutzt man z.B. während der morphologischen Analyse eines natürlich-sprachlichen Textes. In dieser Phase werden aus beliebig flektierten, d.h. konjugierten oder deklinierten, Wortformen die möglichen zugehörigen Wörter ("Lemma-Namen", meist die entsprechenden Grundformen), ihre Flexionsform und weitere syntaktische Information (Wortklasse etc.) gewonnen. Eine Möglichkeit zur Realisation eines solchen Wörterbuches besteht darin, alle in Frage kommenden Wortformen und Komposita als Schlüssel zuzulassen und in die Einträge die fertige Information abzulegen (sog. Vollformenwörterbuch). Hierbei sind mehrere Dinge zu berücksichtigen:

1. Es gibt <u>wesentlich</u> mehr Wortformen als Lemmanamen, ein Vollformenwörterbuch ist also auch wesentlich größer als ein Grundformenwörterbuch.
2. Lebende Sprachen sind produktiv, z.B. werden laufend neue Komposita gebildet, die dann neu ins Wörterbuch aufgenommen werden müßten.
3. Wörterbucheinträge müssen manuell erstellt werden, deshalb wird man versuchen, das Wörterbuch so klein wie möglich zu halten und lieber die Produktivität der Sprache algorithmisch nachzubilden, evtl. sogar um dann aus dem konzentrierten Wörterbuch automatisch ein solches zu generieren, in dem alle Wortformen als eigene Einträge abgespeichert sind, wir werden ein solches Programm im Paragraph 8.4 behandeln.

8.2 Das Wörterbuchdesign für ein deutsches Analysewörterbuch

Wir wählen unser Wörterbuch nun derart, daß man aus einer gegebenen Wortform mit der Operation maxprefix (vgl. 7.4.5) den passenden Eintrag ermitteln kann: Dies bedeutet, daß im wesentlichen die Stämme der Wörter den Schlüssel bilden, allerdings bilden solche Wörter eine Ausnahme, bei denen die flektierten Formen nicht mehr den Stamm als Präfix haben (Umlautbildung wie etwa bei Haus / Häuser, eingeschobenes 'zu' wie etwa bei vorsehen / vorzusehen etc.). Hier werden noch Quasistämme hinzugenommen, bei denen dann vermerkt ist, daß es sich nicht um den Stamm des betreffenden Wortes handelt, sondern um eine Flexionsform. Ferner gehören zu einem Stamm oder Quasi-Stamm möglicherweise mehrere Lemmata, entsprechend den verschiedenen Lesarten des Ausgangswortes bzw. seines Stammes (z.B. ist SPIEL sowohl der Stamm des Verbs spielen wie auch des Nomens Spiel). Wir müssen also einen Weg finden, unter einem Schlüssel mehrere (logische) Einträge abzulegen.

Damit wären wir schon bei der Frage, wie ein Wörterbucheintrag strukturiert werden soll: Eine Möglichkeit ist die, daß die verschiedenen Komponenten eines Eintrags auf festgelegten Positionen stehen, daß also mit einem positionellen (Teilstring-) Zugriff die gewünschten Komponenten ausgelesen werden können. Insbsondere beginnen die Einträge zu den verschiedenen Lesarten auf festgelegten Positionen, die sich um mindestens die Länge eines maximal langen Einzeleintrages voneinander unterscheiden. Dieses Verfahren, das als konventionell bezeichnet werden kann, hat den gravierenden Nachteil, daß in den einzelnen Komponenten zu den verschiedenen Einträgen ganz unterschiedlich viel Information stehen kann, viele

Komponenten sind sogar unbesetzt, weil sie z.B. auf Wörter der entsprechenden Wortklasse nicht angewandt werden können (z.B. das Genus bei Verben), und damit sehr viel Platz verschenkt wird. Eine zweite Möglichkeit besteht darin, die Einträge zu (großen) Records zu machen, bei denen die verschiedenen Komponenten der Einträge zu den verschiedenen Spezifikationen korrespondieren. Auch wenn hier die Platzverschwendung nicht so groß ist wie im ersten Ansatz, so sind doch viele der Komponenten unbesetzt und verbrauchen damit unnötig Platz.

Aus diesem Grund entscheiden wir uns hier für die weitaus flexiblere Form der Schlüsselwort-orientierten Ablage. Wenn wir von der Abspeicherung mehrerer Lesarten in einem Eintrag einmal absehen, besteht in dieser Variante jeder Eintrag aus einer Liste von Spezifikationen der Form "Spezifikationsname = Spezifikationswert".
Wir benutzen (u.a.) folgende Spezifikationsnamen:

	Spez'name	Spez'wert	Bedeutung
	WK	S	Wortklasse ist Substantiv
		V	Verb
		A	Adjektiv
		AKO	Adjektiv im Komparativ
bei	GEN	M	Genus ist masculinum
WK=S		F	femininum
		N	neutrum
	GS	n	Genitiv-Singular-Endung ist n, en
		s	s, es
		ns	ns
		ses	ses
	NP	n,s,e..	Nominativ-Plural-Endung
bei	INF	n	Infinitivendung ist n
WK=V		en	en
bei	ST	+	Steigerung mit Superlativ-e
WK=A		-	mit e-Ausfall
oder	UL	Vokal	Umlauvokal evtl. mit Ziffer
AKO	NEG	un,in,ir	Negativpräfix möglich

Wörterbucheinträge können dann z.B. folgendermaßen aussehen:

Schlüssel	Eintrag
regen	WK=S,GEN=M,GS=s
könig	WK=S,GEN=M,GS=s,NP=e
reg	WK=V,INF=en
alt	WK=A,ST=+,UL=a
älter	WK=AKO
kind	WK=S,GEN=N,GS=s,NP=er

8.3 Tabellarische Ausgabe eines Wörterbuchs

Unsere erste Aufgabe wird nun sein, ein Ausgabe-Programm für ein solcherart konzipiertes Wörterbuch zu schreiben. Wir wollen dabei die Spezifikationsnamen offen lassen in dem Sinne, daß sie auch im Wörterbuch mit verzeichnet sind. Auf diese Weise ist es möglich, die Flexibilität des Schlüsselwort-orientierten Ansatzes voll auszunutzen, und weitere Spezifikationsnamen hinzuzunehmen, ohne das Programm ändern zu müssen. Die Spezifikationsnamen unterscheiden sich von sonstigen Einträgen dadurch, daß (im Schlüssel) ein '&' vorangestellt ist. Dieses Zeichen hat die Eigenschaft, daß es in der lexikographischen Reihenfolge (sowohl bei ASCII wie auch bei EBCDIC, bei anderen Maschinencodes muß man evtl. ein anderes Zeichen wählen) vor den Buchstaben liegt, daß also die Spezifikationsnamen beim sequentiellen Durchmustern des Wörterbuchs am Anfang in eine Liste für die nachfolgenden Operationen eingetragen werden können.

Der Ablauf des Programmes gliedert sich in 2 Teile, eine Vorbereitungsphase und eine Hauptschleife. In der Vorbereitungsphase werden dem Wörterbuch die Informationen über die möglichen Spezifikationsnamen entnommen, die Überschriftszeile der Tabelle berechnet und ausgegeben, und ein "Skelett" für die einzelnen Ausgabezeilen zu den Wörterbucheinträgen aufgebaut. Dieses Skelett wird in der Hauptschleife als Ausgangsbasis für eine Druckzeile benutzt, in ihm sind bereits die senkrechten Striche für die Unterteilung an der richtigen Stelle positioniert, so daß nur noch die Nettoinformation an die richtige Stelle in das Skelett jeweils eingetragen werden muß.

In der Hauptschleife nun werden die einzelnen Wörterbucheinträge der Reihe nach bearbeitet. Innerhalb des Rumpfes der Hauptschleife ist eine weitere Schleife, in der die einzelnen Spezifikationen im aktuellen Wörterbucheintrag einzeln abgehandelt werden. Für jeden einzelnen Spezifikationseintrag wird wieder das Wörterbuch zu Rate gezogen, in dem die zugehörige Spezifikationsnummer verzeichnet ist. Diese Spezifikationsnummer gibt die Positionsnummer an, unter der der aktuelle Spezifikationswert in die Druckzeile eingetragen wird. Sind alle Spezifikationswerte abgehandelt, so wird die aufgebaute Druckzeile ausgegeben und innerhalb der Hauptschleife zum nächsten Eintrag fortgeschaltet.

Hier nun das Programm:

```
Wbtab:
/*****************************************************************
*     Ausgabe eines Wörterbuchs in tabellarischer Form.          *
*     ---------------------------------------------------        *
* Die ersten Schlüssel des WBs enthalten die Spezifikations-     *
* namen (& davor) und als Eintraege eine Spezifikationsnummer    *
* (maßgebend fuer die Tabellenspalte), sowie die möglichen       *
* Spezifikationswerte.                                           *
* Es wird stillschweigend vorausgesetzt, daß eine Druckzeile     *
* ausreichend lang ist.                                          *
*****************************************************************/

begin

/****************  D e k l a r a t i o n e n  ****************/
  array string Wobuch [string] extern;
  string Schluessel, Eintrag, Druckzeile, Skelett, Spez,
         Spezname, Spezwert, Spezliste, Wbname;
  number Speznummer, Spezanz, Druckspalte;

/****************  V o r b e r e i t u n g  ****************/

  write 'Wie heißt das Wörterbuch?'; read Wbname;
  connect Wbname to Wobuch;
  write '','',                        /* 2 Leerzeilen */
        'Tabelle zum Wörterbuch ' cat Wbname;
  Schluessel := first(Wobuch);
  Druckzeile := 30*' ' cat '|' cat 15*'     |';
  Spezanz := 0; /* bisher noch keine bekannt */
  while '&' leftend Schluessel
  loop /* ueber alle Spezifikationsnamen */
    Eintrag := Wobuch[Schluessel];
    Speznummer := csn(Eintrag(1:','));
    Druckspalte := 27 + Speznummer*6; /* 6 Zeichen pro Spalte */
    Spezname := Schluessel(2:); /* ohne fuehrendes '&' */
    Druckzeile(Druckspalte:Druckspalte+#Spezname-1) := Spezname;
    if Spezanz<Speznummer then Spezanz := Speznummer;
    fi; /* Spezanz ist maximale Speznummer */
    Schluessel := successor(Wobuch, Schluessel);
  pool;
  /* Schluessel jetzt auf erstes Wort in Wobuch positioniert */
  Druckzeile(32 + Spezanz*6:) := '';   /* hinten abschneiden */
  write '','','',           /* 3 Leerzeilen */
        Druckzeile;         /* Tabellenueberschriften */
  Druckzeile := 30*'-' cat '+' cat Spezanz*'-----+';
                /* Unterstreichung */
  Skelett    := 30*' ' cat '|' cat Spezanz*'     |';
                /* Leere Tabellenzeile */
  write Druckzeile;
```

```
/****************  H a u p t s c h l e i f e  ****************/

  loop /* ueber alle Eintraege des Wörterbuchs */
    Eintrag := Wobuch[Schluessel];
    Druckzeile := Skelett;
    Druckzeile(1:#Schluessel) := Schluessel;
    if not('WK' leftend Eintrag) then /* keine Wortklasse */
      if Eintrag = '' then
        Eintrag:='WK=V,'; /* leerer Eintrag bei Verben */
      else
        Eintrag := 'WK=S,' cat Eintrag; /* sonst Substantiv */
      fi;
    fi;

    while Eintrag ≠ ''
    loop /*ueber alle Spezifikationen des Eintrags */
      Spez      := Eintrag(1:',');
      Spezname  := Spez(1:'=');
      Spezwert  := Spez('=':);
      Spezliste := Wobuch['&' cat Spezname];
      if Spezliste=* then /* kein (sinnvoller) Eintrag */
        write 'Unbekannter Spezifikationsname: ' cat Spezname
              cat ' bei ' cat Schluessel;
      else
        Speznummer := csn(Spezliste(1:','));
        if not(',' cat Spezwert cat ',' partof  Spezliste) then
          write 'Unbekannter Spezifikationswert: ' cat Spezname
                cat '=' cat Spezwert cat ' bei ' cat Schluessel;
        else
          Druckspalte := 27 + Speznummer*6;
          Druckzeile(Druckspalte:Druckspalte+#Spezwert-1) := Spezwert;
        fi;
      fi;
      Eintrag := Eintrag(',':); /* Spezifikation vorne weg */
    pool;
    write Druckzeile;
    Schluessel := successor (Wobuch,Schluessel);
  pool until Schluessel=*; /* hinter letzten guelt. Schluessel */
end /* Wbtab */
```

Das Programm druckt dann Tabellen der folgenden Art: (gekürzte Ausgabe)

Tabelle zum Wörterbuch ANADEUTSCH

	WK	GEN	GS	NP	UL	ST
affe	S	M	n	n		
alt	A				a	+
anfang	S	M	s	e	a2	
:	:	:	:	:	:	:
:	:	:	:	:	:	:
:	:	:	:	:	:	:
spiel	S	N	s	e		
spiel	V					
süß	A					+
tafel	S	F		n		
tag	S	M	es	e		
vater	S	M	s		a	
zeugnis	S	N	ses			

8.4 Erstellen eines Paradigmas zu einem Wörterbuch

Mit dem nächsten Programm wollen wir wieder auf das Problem zurückkommen, daß darin bestand, ob man lieber ein Vollformen-Wörterbuch benutzen soll oder nur die Basisformen abspeichern. Das folgende Programm PARADIG setzt ein (deutsches) Basisformen-Wörterbuch in ein Vollformen-Wörterbuch um. Dieser Vorgang heißt Paradigmaisieren. Er läuft folgendermaßen ab:

Ausgehend von einem Eintrag des Basiswörterbuches werden, mithilfe der enthaltenen Flexionsangaben und entsprechend der Wortklasse, sämtliche Flexionsformen gebildet. Diese werden dann in das Vollformenwörterbuch derart eingetragen, daß unter der Spezifikation KAT (für Kategorie) eine Liste angelegt wird, (durch Kommata getrennte Elemente), die alle zu dem unter Spezifikation LEMMA aufgeführten Lemma-Namen möglichen Kategorien aufzählt. Gibt es verschiedene Lemmata zu der gleichen Vollform, so werden die Formen durch angehängte Pluszeichen ('+') unterschieden (die verschiedenen Formen heißen auch Lesarten).

Dieser Vorgang wird für alle Einträge des Basiswörterbuchs wiederholt.

Man beachte, daß während des Paradigmaisierens keine neuen Komposita aufgenommen werden, daß also eine morphologische Analyse mit Kompositazerlegung auch bei Verwendung eines Vollformenwörterbuches der beschriebenen Art nicht überflüssig wird.

Im einzelnen besteht das Programm aus einer Prozedur "Schreibe", einer string-wertigen Funktion "Mitumlaut" und einem Hauptteil, der aus einem Vorbereitungsteil und einer Hauptschleife besteht. Im Vorbereitungsteil werden lediglich das Basisformen- und das Vollformenwörterbuch angemeldet. Das erstere dient zur Eingabe, das letztere zur Ausgabe. Zuletzt wird im Vorbereitungsteil noch die Stringvariable Lemma auf den ersten echten Eintrag im Basisformenwörterbuch "positioniert", davor liegen mit '&' anfangende Metaeinträge, die die Spezifikationsnamen beschreiben (vgl. letzten Paragraphen).

In der Hauptschleife werden alle Einträge des Basisformenwörterbuchs sequentiell bearbeitet. Hier wird zunächst nach der Wortklasse des aktuellen Lemmas unterschieden und entsprechend die verschiedenen Vollformen erzeugt. Diese werden dann, zusammen mit Angaben über die Flexionsform mithilfe der Prozedur "Schreibe" in das Vollformenwörterbuch eingetragen. Die Flexionsformenangaben haben folgende Bedeutung (Auswahl):

SG(N,A,D)	Singular Nominativ, Akkusativ oder Dativ
SG(G)	Singular Genitiv
PL(N,A,D,G)	Plural Nominativ, Akkusativ, Dativ oder Genitiv
PLUR.TANTUM	Plurale Tantum (Substantiv kommt nur im Plural vor)
SING.TANTUM	Singulare Tantum (Substantiv kommt nur im Singular vor)
PRAES(1.+3.PL)	1. oder 3. Person Plural, Präsens
PRAET(2.SG)	2. Person Singular, Präteritum
SG(N[MNF],A[NF])	Singular, Nominativ, Maskulinum oder Neutrum oder Femininum bzw. Singular, Akkusativ, Neutrum oder Femininum

Bei der Bildung der Vollform wird gegebenenfalls die Funktion "Mitumlaut" benutzt, die als Wert den Lemmanamen zurückgibt, bei dem - entsprechend dem Eintrag im Wörterbuch und soweit vorhanden - der betreffende Vokal durch seinen Umlaut ersetzt wurde.

Letztendlich werden alle Vollformen über die Prozedur "Schreibe" ins Vollformenwörterbuch eingetragen. Diese Prozedur hat zwei Parameter, "Wortform" für die Vollform und "Kat" für die Flexionsangabe (Kategorie). Gibt es für die aktuelle Vollform noch keinen Eintrag im Wörterbuch, so wird ein neuer erzeugt. Gibt es schon einen solchen mit dem gleichen Lemmanamen (entnommen der globalen Variable "Lemma"), so wird lediglich der Eintrag in der Spezifikation "KAT" um die aktuelle Flexionsangabe erweitert, ansonsten wird ein neuer Schlüssel durch Anhängen von '+' aus der Vollform generiert und das Verfahren für diese Vollform wiederholt. Auf diese Art werden die verschiedenen Lesarten einer Vollform im Wörterbuch unterschieden.

Hier nun das Programm:

Paradig:

```
/*****************************************************************
* Zu jedem Lemma des Deutsch-Wörterbuchs wird das Paradigma     *
* gebildet. Die entstandenen Wortformen werden mit der Wort-    *
* klasse, den Kategrien und dem Lemmanamen in das Wortformen-   *
* Wörterbuch eingetragen                                         *
*****************************************************************/

begin

/****************  D e k l a r a t i o n e n  ****************/

  array string Quell_Wb[string] extern;     /* Eingabe */
  array string Wortform_Wb [string] extern; /* Ausgabe */
  string Lemma, Eintrag, Name, Wk, Endung, Stamm, Lul, St;

/****************  P r o z e d u r e n  ****************/

  proc Schreibe(string value Wortform, Kat)
  begin /* Schreibt ins Wortformen-Wörterbuch,
           benutzt globale Variable Lemma */
    string Akt_Eintrag;
    number Katpos;
    bits   Okay;

    loop
      Okay := "t"; /* Vorbesetzung */
      Akt_Eintrag := Wortform_Wb[Wortform];
      if Akt_Eintrag=*
      then /* noch kein Eintrag vorhanden */
        Wortform_Wb[Wortform] := 'WK=' cat Wk cat ', KAT=' cat Kat
                                 cat ', LEM=' cat Lemma;
      else
        if Akt_Eintrag('LEM=':)=Lemma then
          /* Kategorienteil erweitern */
          Katpos := Akt_Eintrag.'KAT=' + 4;
          Akt_Eintrag(Katpos : Katpos-1) := Kat cat ',';
          Wortform_Wb[Wortform] := Akt_Eintrag
        else /* Wortform verlaengern (++..) */
          Wortform := Wortform cat '+';
          Okay := "f"; /* nochmal versuchen */
        fi;
      fi;
    pool until Okay;
  end; /* Schreibe */
```

```
func string Mitumlaut (string value Wort)
begin
  string Ulq, Ulz;
  number Vokalnr, I;

  Ulq := Eintrag('UL=':',');
   /* Die Umlautangabe besteht aus dem Vokal, hinter dem ein e
      eingefuegt wird. Handelt es sich nicht um den ersten
      Vokal dieser Sorte im Wort (von links), so ist dem Vokal
      eine Ziffer (2, 3,...) angehaengt.
      Bsp.: "anfang==...,UL=a2,.." */
  if Ulq ≠ '' then
    case Ulq(1)
    with 'a': Ulz := 'ä';
    with 'u': Ulz := 'ü';
    with 'o': Ulz := 'ö';
    with 'A': Ulz := 'Ä';
    with 'U': Ulz := 'Ü';
    with 'O': Ulz := 'Ö';
    else write 'Nicht umlautfaehiger Buchstabe: ' cat Ulq;
         Ulz := Ulq; /* damit dann weitermachen */
    esac;
    if #Ulq=1
    then in Wort replace first Ulq by Ulz;
    else
      Vokalnr := csn(Ulq(2));
      Ulq(2:) := ''; /* Rest löschen */
      for I from 1 to Vokalnr-1
      loop
        in Wort replace first Ulq by '*';
      pool; /* die falschen Vokale sind ausgeblendet */
      in Wort replace first Ulq by Ulz;
      in Wort replace all '*' by Ulq; /* Ausblendung rueckgaengig */
    fi;
  fi;
  return Wort
end; /* Mitumlaut */

/****************  V o r b e r e i t u n g  ****************/
 write 'Programm zum paradigmatisieren eines Wörterbuchs',
       'Name des Ausgangs-Wörterbuches?';
 read Name; write Name;
 connect Name to Quell_Wb;
 write 'Name des Wortformen-Wörterbuches?';
 read Name; write Name;
 connect Name to Wortform_Wb;

 if Quell_Wb['A']=* then Lemma := successor(Quell_Wb,'A');
 else Lemma := 'A';
 fi; /* Erster mit Buchstaben beginnender Eintrag */
```

```
/****************   H a u p t s c h l e i f e   ****************/

 loop
   Eintrag := Quell_Wb[Lemma];
   Wk := Eintrag('WK=':',');  /* Wortklasse */
   case Wk
   with 'S':  /* S u b s t a n t i v
   --------------------------------- */
     Endung := Eintrag('GS=':',');
     /* Endung des Genitiv Singular */
     case Endung
     with 's': 'es': call Schreibe (Lemma,'SG(N,A,D)');
                     call Schreibe (Lemma cat Endung,'SG(G)');
     with 'n': 'en': call Schreibe (Lemma,'SG(N)');
                     call Schreibe (Lemma cat Endung,'SG(A,D,G)');
     with '0':       /* Null-Eintrag */
                     call Schreibe (Lemma,'PLUR.TANTUM');
     else            call Schreibe (Lemma,'SG(N,A,D,G)');
     esac;
     Endung := Eintrag('NP=':',');
      /* Endung des Nominativ Plural */
     Lul := Mitumlaut(Lemma) cat Endung;
     case Endung
     with 'e':'se':'er': call Schreibe (Lul,          'PL(N,A,G)');
                         call Schreibe (Lul cat 'n', 'PL(D)');
     with 'n':'en':'s':  call Schreibe (Lul,          'PL(N,A,D,G)');
     with '':            if 'n' rightend Lul /* kein Dativ-N */
                         then call Schreibe (Lul,    'PL(N,A,D,G)');
                         else call Schreibe (Lul,    'PL(N,A,G)');
                              call Schreibe (Lul cat 'n', 'PL(D)');
                         fi;
     with '0':           /* Null-Eintrag */
                         call Schreibe (Lul-Endung, 'SING.TANTUM');
     esac;
   with 'V':  /* V e r b
   ---------------------- */
     call Schreibe (Lemma, 'INFINITIV');
     call Schreibe (Lemma cat 'd','PARTIZIP I');
     Stamm := Lemma - 'n' - 'e';
     call Schreibe (Stamm cat 'e', 'PRAES(1.SG)');
     call Schreibe (Stamm cat 'en','PRAES(1.+3.PL)');
     /* Dentalregel:
        Wenn der Stamm mit einem dentalen Laut endet,
        wird vor der Endung ein 'e' eingefuegt.          */
     if 'd' rightend Stamm | 't' rightend Stamm |
         (('m' rightend Stamm | 'n' rightend Stamm)  &
          not(Stamm(#Stamm-1) partof 'aeioulr') )
     then Stamm := Stamm cat 'e'
     fi;
     call Schreibe (Stamm cat 'st',   'PRAES(2.SG)');
     call Schreibe (Stamm cat 't',    'PRAES(3.SG+2.PL)');
     call Schreibe (Stamm cat 'te',   'PRAET(1.+3.SG)');
     call Schreibe (Stamm cat 'test', 'PRAET(2.SG)');
     call Schreibe (Stamm cat 'ten',  'PRAET(1.+3.PL)');
     call Schreibe (Stamm cat 'tet',  'PRAET(2.PL)');
```

```
    with 'A':  /* A d j e k t i v
    ----------------------------- */
      if 'el' rightend Lemma /* e-Ausfall */
      then Stamm := Lemma - 'el' cat 'l'
      else Stamm := Lemma
      fi;
      call Schreibe (Lemma cat 'e',  'SG(N[MNF],A[NF])');
      call Schreibe (Lemma cat 'en', 'alle ausser SG(N[MNF],A[NF])');
      call Schreibe (Mitumlaut(Stamm) cat 'er',  'KOMPARATIV');
      if Eintrag('ST=':',') = '+' /* Superlative einschieben */
      then call Schreibe (Mitumlaut(Lemma) cat 'est', 'SUPERLATIV')
      else call Schreibe (Mitumlaut(Lemma) cat 'st',  'SUPERLATIV')
      fi;
    esac;
    Lemma := successor(Quell_Wb,Lemma)
  pool until Lemma=*;
end
```

8.5 Zerlegung von Wortformen

Unsere nächste Aufgabe ist tatsächlich die morphologische Analyse. Wir kehren wieder zu unserem eingangs erwähnten Basisformen-Wörterbuch zurück und benutzen zusätzlich ein Endungswörterbuch. Aus diesen Wörterbüchern ziehen wir die Information für eine Flexionsanalyse. Wir realisieren unser Programm in der Form, daß alle Zerlegungen einer eingelesenen Vollform in "Stamm" und Endung ausgegeben werden.

Das Programm besteht wieder aus einer Vorbereitungsphase, in der die zwei Wörterbücher, nämlich ein Stammwörterbuch und ein Endungswörterbuch angeschlossen werden, und einer Hauptschleife. Die Hauptschleife wird so oft durchlaufen, wie vom Benutzer nichtleere Eingabestrings gegeben werden. Als Eingabestrings werden einzelne Wortformen erwartet, die dann in Stamm und Endung zerlegt werden. Es werden dabei alle nach den Wörterbüchern möglichen Zerlegungen ausgegeben, also z.B. "kleidung = S" (das ist als Substantiv schon ein Stamm) und "kleid-ung = V" (ung-Bildung des Verbs kleiden).

Es wird dabei folgende Technik angewandt: Zuerst wird überprüft, ob die Wortform schon ein Stamm ist, d.h. ob sie wie sie ist ein gültiger Schlüssel im Stammwörterbuch ist. Dann wird mit der gespiegelten Wortform, also "gnudielk" in unserem Beispiel, in das Endungswörterbuch gegangen und die Funktion maxprefix angewandt. In dem Endungswörterbuch sind nun die gespiegelten Endungen abgespeichert, also auch "gnu", was in unserem Fall das Ergebnis ist. Hier wird also eine (in Comskee nicht direkt vorhandene) Funktion maxpostfix simuliert. Für die so gefundene Endung wird überprüft, ob sie mit der Wortklasse des Stamms verträglich ist. Ist dies der Fall, so wird eine entsprechende Ausgabe gemacht. Anschließend wird mit der um 1 verkürzten Endung erneut (über maxprefix) im Endungswörterbuch nachgesehen, ob die Endung vielleicht eine andere Endung umfaßt. Dieses Verfahren wird so lange iteriert, wie die maxprefix-Bestimmung nichtleere Ergebnisse liefert.

Bei jeder gefundenen Zerlegung wird eine bits-Variable "Treffer" auf "t" gesetzt, so daß Treffer am Ende nur dann den Wert "f" besitzt, wenn gar keine Zerlegung gefunden wurde. Eine entsprechende Meldung wird dann am Ende ausgegeben.

Hier das Programm:

```
Aufspalten:
/*************************************************************
* Flexionsanalyse von Einzelwörtern:                          *
* Das eingelesene Wort wird in Stamm (gemaess StammWb) und    *
* Endung (gemaess EndungsWb) aufgespalten, falls die Wortklas- *
* senangabe des Stamms im EndungsWb bei der abgeschnittenen   *
* Endung aufgeführt ist.                                      *
*************************************************************/
begin
  array string StammWb [string] extern;
  array string EndWb   [string] extern;
  string Wort, Stamm, Endung, Worteintrag, Wk, Wkliste, Name;
  bits   Treffer;

/****************  Wörterbuecher anschliessen  ****************/

  write 'Name des Stammwörterbuchs?'; read Name; write Name;
  connect Name to StammWb;
  write 'Name des Endungswörterbuchs?'; read Name; write Name;
  connect Name to EndWb;

/****************  H a u p t s c h l e i f e  ****************/

  write 'Gib Wortform';
  read Wort;

  while Wort ≠ ''
  loop
    write '', Wort, #Wort*'-'; /* korrekt unterstrichen */
    Worteintrag := StammWb[Wort];
    if Worteintrag ≠ '' then /* Wort ist Stamm */
      write Wort cat ' = ' cat Worteintrag('WK=':',')
      Treffer := "t"; /* Das war schon einer */
    else
      Treffer := "f"; /* bisher noch keiner */
    fi;
    Endung := <-maxprefix(EndWb,<-Wort);
/* Im EndungsWb sind die umgedrehten Endungen der Schluessel */
    while Endung ≠ ''
    loop
```

```
      Wkliste := EndWb [<-Endung];
      Stamm := Wort - Endung;
      Worteintrag := StammWb [Stamm];
      Wk := Worteintrag('WK=':',');
      if Wk¬='' and Wk partof Wkliste then  /* zulässige Wortklasse */
        Treffer := "t";
        write Stamm cat '-' cat Endung cat ' = ' cat Wk;
      fi;
      Endung(1) := ''; /* Endung verkuerzen, nochmal pruefen */
    pool;
    if not Treffer then
      write '+++ Keine Zerlegung gefunden +++';
    fi;
    write 'Gib naechste Wortform oder leere Eingabe (beendet)';
    read Wort;
  pool;
end /* Aufspalten */
```

8.6 Kompositazerlegung

Das folgende Problem ist dem vorhergehenden sehr ähnlich, allerdings ist die Lösung grundlegend verschieden. Wir wollen hier von einem sog. Morphemwörterbuch ausgehen, in ihm sind sowohl Wortstämme wie auch Prä- und Suffixe, Fugen etc. enthalten. Wie im letzten Programm verlangt das nächste auch nacheinander einzelne Eingabewörter, die dann entsprechend dem Morphemwörterbuch in mögliche Morpheme zerlegt werden. Es erfolgt keinerlei Überprüfung, ob die Zerlegung korrekt ist, oder ob es sich nur um eine zufällige Zerlegung handelt (wie z.B. "Fleischer/eier/zeugnis" statt "Fleischerei/erzeugnis").

Die dabei benutzte Vorgehensweise wird auch als rekursive depth-first-search bezeichnet: ein Baum wird durchmustert, indem erst in die Tiefe abgestiegen wird, bevor der aktuelle Knoten selbst untersucht wird. Der Baum, um den es hier geht, ist der Strukturbaum der Zerlegungen eines Wortes in seine Bestandteile. Jedem Knoten des Baumes ist ein Teilwort, genauer ein Suffix des Ausgangswortes zugeordnet, der Wurzel ist das Ausgangswort selbst zugeordnet. Den Söhnen eines Knotens sind jeweils die verschiedenen Möglichkeiten zugeordnet, ein Präfix von dem aktuellen Wort abzutrennen. Bei "Fleischereierzeugnis" wären das also "Fleischer/eier-zeugnis" und "Fleischerei/erzeugnis". Insgesamt hätte der Strukturbaum folgendes Aussehen, natürlich abhängig vom verwendeten Wörterbuch, insbesondere welche Morpheme in ihm abgespeichert sind.

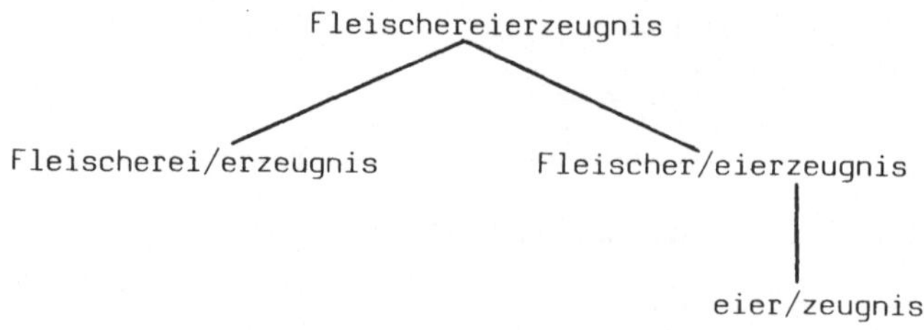

Der Kern des Programms wird von der Prozedur "Zerlege" gebildet, die ähnlich wie bei dem Permutationsbeispiel aus Kapitel 6.6 rekursiv alle möglichen Zerlegungen ausgibt, die eine Quellform relativ zu dem vorliegenden Morphemwörterbuch haben kann. In der Prozedur Zerlege werden von dem als Parameter "Wort" übergebenen Wort alle möglichen, nichtleeren Präfixe abgeschnitten und mit dem Rest wird die Prozedur rekursiv aufgerufen. Ist das übergebene Wort im Wörterbuch enthalten, d.h. maxprefix liefert das Argument als Ergebnis, so haben wir eine gültige Zerlegung gefunden und geben diese aus. Dazu sind in der als Parameter Anfangsteil schon die anderen (vorhergehenden) Komponenten, durch Bindestriche getrennt, fertig zur Ausgabe vorbereitet. Anschließend werden in jedem Fall alle echten, nichtleeren Präfixe abgehandelt. Diese werden - wie im vorhergehenden Beispiel - durch iterierte Anwendung der maxprefix-Funktion erhalten, so lange, bis das Ergebnis dieser Funktion der Leerstring ist. Mit den so gefundenen Präfixen wird die Prozedur Zerlege rekursiv aufgerufen. Bei diesen rekursiven Prozeduraufrufen wird der um das aktuelle Präfix verlängerte Anfangsteil, getrennt durch ein '-', als neuer Wert für Anfangsteil (in der dann vorhandenen Prozedurinkarnation) mitübergeben. Beim Initialaufruf ist dieser Anfangsteil leer, und das zu bearbeitende Wort wird als erster Parameter in unveränderter Form übergeben.

Die bits-Variable Treffer wird benutzt um zu entscheiden, ob gerade die erste Lösung des gestellten Problems ausgegeben werden soll. In diesem Fall wird noch eine Überschrift erzeugt. Ferner dient diese Variable auch der Erfolgskontrolle, somit kann am Ende eines Durchlaufs noch ggf. eine Mißerfolgsmeldung gegeben werden.

Man beachte noch, daß mit der Standardfunktion maxprefix auch die vorhergehenden Präfixe berechnet werden, die Funktion predecessor würde nicht das gewünschte liefern, weil zwischen den verschiedenen Präfixen des gleichen Wortes andere Schlüssel liegen können (z.B. Bild - Bildschirm - Bildung).

Hier nun das Programm:

```
Komposit:
/*****************************************************************
* Kompositazerlegung von Einzelwörtern:                          *
* Das eingelesene Wort wird in seine Komposita gemäß dem         *
* Morphem-Wörterbuch zerlegt.                                    *
*****************************************************************/
begin
  array string MorphemWb [string] extern;
  string Quellwort, Name;
  bits   Treffer;

/****************  Prozedurdeklaration   ****************/

  proc Zerlege (string Wort, Anfangsteil)
  begin /* Wort beinhaltet den noch zu zerlegenden Rest (Suffix) vom
           Quellwort, waehrend Anfangsteil den bereits mit '-' unter-
           teilten, zerlegten Praefix enthaelt.                     */

    string Praefix;
    Praefix := maxprefix(MorphemWb,Wort);
    if Praefix=Wort then
      if not Treffer then
        Treffer := "t"; /* hier haben wir eine Zerlegung gefunden */
        write 'Gefundene Zerlegungen zu ' cat Quellwort,
              '-------------------------' cat #Quellwort*'-';
      fi;
      write Anfangsteil cat '-' cat Wort cat '-';
    else if Praefix='' then return;
         /* es wurde keine Zerlegung mit gegebenem Anfang gefunden */
    else call Zerlege(Wort(#Praefix+l:),Anfangsteil + '-' + Praefix);
         /* rekursiver Aufruf fuer die Zerlegung des Restwortes in
            weitere Bestandteile */
    fi; fi;

    Praefix := maxprefix(MorphemWb,Praefix(l:#Praefix-l));
         /* vorhergendes, zweit-maximales Praefix berechnen */
    while Praefix ¬= ''
    loop /* rekursiver Aufruf mit allen Praefixen von Wort */
      call Zerlege(Wort(#Praefix+l:),Anfangsteil cat '-' cat Praefix);
      Praefix := maxprefix(MorphemWb,Praefix(l:#Praefix-l));
    pool;
  end; /* Zerlege */

/****************  Vorbereitungsphase   ****************/

  /* Wörterbuch anschliessen */
  write 'Name des Morphemwörterbuchs?'; read Name; write Name;
  connect Name to MorphemWb;

  write 'Gib Quellwortform';
  read Quellwort;
```

```
/*************** H a u p t s c h l e i f e ***************/

  while Quellwort ≠ ''
  loop
    Treffer := "f"; /* bisher noch keiner */
    call Zerlege(Quellwort,'');
    if Treffer then
      write ''; /* Eine Leerzeile zum Absetzen */
    else
      write 'Keine Zerlegung zu ' cat Quellwort cat ' gefunden';
    fi;
    write 'Gib naechste Wortform oder leere Eingabe (beendet)';
    read Quellwort;
  pool;
end /* Komposit */
```

8.7 Homographenreduktion

Das hier zu behandelnde Verfahren wird dazu benutzt, bei der Analyse von natürlichsprachlichen Sützen die hohe Rate der Mehrdeutigkeit gleich bei den ersten Operationen schon auf ein erträgliches Maß zu drücken. Wenn man einen Satz der Länge 10 voraussetzt, bei dem jedes einzelne Wort nur 2 Lesarten hat, so liegt die Gesamtmehrdeutigkeit auf diesem Betrachtungsniveau schon bei 2**10=1024. D.h. es gibt 1024 verschiedene sog. Ketten, deren Glieder die Lesart der einzelnen Wörter jeweils eindeutig festlegen. Mit dem im folgenden skizzierten Verfahren wird mit ganz einfachen Überlegungen die Mehrdeutigkeit in den Wortklassen auf ein vorher festlegbares Maß heruntergedrückt. Da das Verfahren sehr einfach ist, kann man nicht erwarten, daß es den Satz schon auf seine korrekte Lesart reduziert. Was man allerdings erwartet ist, daß die korrekte Lesart unter den übrig gebliebenen enthalten ist. Das Ergebnis ist eine reduzierte Anzahl von Ketten.

Ein einfacher Ansatz dazu besteht darin, von den potentiell möglichen Ketten alle die auszusondern, bei denen Wortklassen nebeneinander vorkommen, die nicht nebeneinander stehen können (z.B. kan man davon ausgehen, daß - je nach betrachteter Sprache - ein Adjektiv nie direkt vor einem Pronomen steht, wohl aber ein Adverb. Auf diese Art kann man dann die Wortklasse in einem solchen Fall vereindeutigen). Man stellt also eine Ausschlußtabelle auf, in der für alle Wortklassenpaare vermerkt ist, ob sie nebeneinander vorkommen können. Da eine solche Liste i.a. nur wenige Ausschluß-Einträge besitzt, kann man auf diese Weise nur sehr wenige Ketten ausschließen. Die nächste Idee besteht darin, daß in die Tabelle nicht nur die Werte 0 und 1 vorkommen (für kann nicht / kann nebeneinander vorkommen), sondern beliebige positive Werte, die die Wahrscheinlichkeit [*1] darstellen, daß die besagten Wortklassen nebeneinander vorkommen. Diese Wahrscheinlichkeitswerte werden Nachbarschaftsgewichte genannt. Im Prinzip werden jetzt alle Ketten bewertet, indem die einzelnen Nachbarschaftsgewichte miteinander multipliziert werden. Auf diese Art bewirkt ein Null-Gewicht an irgendeiner Stelle der Kette, daß das Gesamtgewicht dieser Kette gleich Null ist, womit sie als auf jeden Fall ungültig festgestellt ist. Um jetzt die angestrebte Reduktion der Ketten zu erreichen, läßt man nach der Bewertung nur noch die Ketten übrig mit den größten Bewertungen. Die Frage, die wieviel größten man übernimmt, ob daß z.B. eine feste Zahl ist (z.B. die besten 12), oder ob man alle die nimmt, die ein gewisses Niveau überschreiten, wollen wir hier nicht behandeln, aus Einfachheitsgründen machen wir die Einschränkung, nur die beste Kette auszuwählen. Diese wird allerdings i.a. nicht die "korrekte" Kette sein, was zeigt, daß unsere Einschränkung zu stark für tatsächlich anwendbare Systeme ist. Praktische Tests haben ergeben, daß man mit einem solchen Verfahren (bei geeigneter Gewichtung der Wortklassen und nicht allzu langen Sätzen bzw. Eingabesegmenten) in den besten 12 Ketten mit sehr hoher Wahrscheinlichkeit (mind. 95%) die korrekte(n) Kette(n) enthalten ist (sind).

Hier nun das Programm, das bezüglich einer vorgebbaren Gewichtung die am höchsten gewichtete Kette berechnet und ausgibt (eine genauere Beschreibung erfolgt im Anschluß an das Programm):

```
HGraph:
/***************************************************************
* Homographenreduktion:                                        *
* Der eingelesene Satz wird auf eine optimale Kette bezgl.     *
* den vorgegebenen Nachbarschaftsgewichten hin untersucht      *
***************************************************************/
begin
  array bits WbWortarten[string] extern;
  number Maxwortarten;                   /* max Zahl der Wortarten pro    */
                                         /* Wort, muss <=32 sein          */
  array string Umwandlung[1:32];       /* Externdarstellung der Wortart */
  array number Gewicht[1:32,1:32];     /* Nachbarschaftsgewichte        */
  string Satz;                           /* die Eingabe                   */
  array string Woerter[1:30];          /* Eingabe in Worte zerlegt      */
  number Laenge;                         /* Anzahl der Wörter im Satz +1 */
```

*1: Wahrscheinlichkeitswerte im strengen Sinne liegen immer zwischen 0, d.h. 0%, und 1, d.h. 100%

```
  proc import ReadWbs(array number Gewicht[*,*];
                      array string Umwandlung[*];
                      number Maxwortarten;
                      array bits WbWortarten[string] extern);

/*****************   P r o z e d u r e n   ****************/

  proc Maxbestimme
  /*-----------*/
  begin /* Prozedur zur Homographenreduktion auf die am staerksten
           gewichteten Wortklassenketten */
    array  number Maxwa [0:Laenge];
            /* Maxwa[x] gibt die Anzahl besetzter Elem. von Graph[x, ] */
    array  record(number Wortart, record(number Level,
                                         number Link) LevLi)
                                        Graph [0:Laenge, 1:Maxwortarten];
    number Index;                      /* Hilfsgrösse fuer die Ausgabe */
    string Ausgabe,                    /* Ausgabestring                */
           Wort;
    bits   Aktwortarten;               /* Bei der Wörterbuchsuche      */
    number J, W, Wa;                   /* Indizes                      */

    proc LevLiBesetz (number W)
    /*-----------------------*/
    begin /* Besetzen von Level und Link in Graph[W, ]           */
      number Neulevel,AktWa,   /* Hilfsgrössen                    */
             Lesart, VLesart;  /* Lesart und Vorgaenger-Lesart */

      for Lesart from 1 to Maxwa[W]
      loop /* Betrachte alle zum aktuellen Wort gehörenden Knoten */
        AktWa := Wortart[W, Lesart]; /* Wortart in diesem Matrixpunkt */
        for VLesart from 1 to Maxwa[W-1]
        loop /* Kombiniere mit allen Vorgaenger-Interpretationen */
          Neulevel := Level[W-1, VLesart] *
                      Gewicht[Wortart[W-1, VLesart], Aktwa];
          if Neulevel>Level[W, Lesart] then /* Level war vorgelöscht */
            LevLi[W, Lesart] := [Neulevel, VLesart];
                                /* Uebernehme Max und trage Verweis ein */
          fi;
        pool;  /* Schleife ueber VLesart */
      pool;   /* Schleife ueber Lesart */
    end; /* LevLiBesetz */

    /* Beginn von Maxbestimme, Initialisierungen */

    Graph [0,1] := [31,[1,0]]; /* Satzanfang, schon mit Level */
    Maxwa [0]   := 1;          /* eindeutiger Knoten */

    for W from 1 to Laenge-1
    loop
       /* Wörterbuchsuche fuer Woerter[W] */
      Wort := Woerter[W];
      if WbWortarten[Wort]=* then
        write 'Das Wort ' + Wort + ' ist nicht im Wörterbuch';
        return; /* damit fertig */
```

```
      fi;
      Aktwortarten := WbWortarten[Wort];
      /* Wortarten in Liste eintragen */
      Wa := 0;
      for J from 1 to Maxwortarten
      loop
        if Aktwortarten(J) then
          Wa := Wa+1;
          Graph [W, Wa] := [J,[0,0]]; /* Level mitbesetzen */
        fi;
      pool;
      Maxwa [W] := Wa; /* Grad der Mehrdeutigkeit */

      call LevLiBesetz(W); /* Alle Rueckverweise und Level fuer
      diese Spalte berechnen, der Satzanfang war schon vorbesetzt */
    pool;

    Graph [Laenge, 1] := [32,[0,0]]; /* Satzende, Level noch unbesetzt */
    Maxwa [Laenge]    := 1;          /* eindeutiger Knoten */
    call LevLiBesetz(Laenge);        /* Level und Link auch hier */

    /* Ausgabe */

    if Link[Laenge, 1] = 0 then
      write 'Keine gueltige Kette gefunden';
    else
      Index := 1; Ausgabe := '-';
      for W from Laenge by -1 to 0
      loop /* Rueckwaerts der Verkettung nachlaufend */
        Ausgabe := '-' cat Umwandlung[Wortart[W, Index]] cat Ausgabe;
        Index := Link[W, Index];
      pool;
      write Ausgabe cat ' :' cat cns(Level[Laenge, 1]);
    fi;
  end; /* Maxbestimme */

/*****************  Beginn des Hauptprogramms  *********************/

  call ReadWbs(Gewicht, Umwandlung, Maxwortarten, WbWortarten);
     /* Die einzelnen Listen werden besetzt und das Wörterbuch
        WbWortarten angeschlossen, dabei ist
        Wortart 31 = 'SAN' (Satzanfang) und
        Wortart 32 = 'SEN' (Satzende)          */

  write 'Gib einen Satz ein, Leereingabe beendet das Programm';
  read Satz;

  while Satz ≠ ''
  loop
    Laenge := 1;
    loop
      while ' ' leftend Satz
      loop Satz(1) := '';
      pool;
      Woerter[Laenge] := Satz(1:' ');
```

```
      Satz := Satz(' ':);
      Laenge := Laenge + 1
    pool until Satz = '' or Laenge > 30;

    if Satz='' then call Maxbestimme;
               else write 'Satz zu lang';
    fi;

    write 'Gib noch einen Satz ein, Leereingabe beendet';
    read Satz
  pool;

end /* HGraph */
```

<u>Hier nun die Beschreibung des Programms:</u>

Im Hauptprogramm-Teil wird zuerst eine importierte und hier auch nicht dargestellte Prozedur aufgerufen, die die als Parameter übergebenen Variablen, Arrays und das Wörterbuch geeignet initialisiert (vgl. Kommentar bei den zugehörigen Variablen-Deklarationen). Anschließend wird in einer Schleife ein Satz eingelesen, in seine Wörter zerlegt und die Prozedur "Maxbestimme" aufgerufen. In dieser Prozedur wird die eigentliche Aufgabe bearbeitet. Die zentrale Datenstruktur ist ein "Graph" bestehend aus durch Kanten verbundenen Knoten. Die Knoten sind Matrixpunkte, die teilweise über den Link-Eintrag miteinander verbunden sind. Die Spalten der Matrix korrespondieren zu den einzelnen Eingabewörtern (bzw. zu "Satzanfang" für Position 0 und zu "Satzende" für Position "Laenge"). Die logische Länge der einzelnen Spalten ist in dem Array "Maxwa" (für maximale Anzahl Wortarten in dieser Spalte) abgespeichert. Dessen Einträge können höchstens den Wert von "Maxwortarten" haben, das wäre der Fall, daß ein Wort alle betrachteten Wortarten als Lesarten besitzt. Aus diesem Grunde sind auch alle Spalten von "Graph" so lang, ihre logische Besetzung ist aber für normale Wörter kürzer. An jedem Matrixpunkt ist abgespeichert

- die betreffende (eindeutige) Wortart ("Wortart")
- ein Rückverweis auf die zu dieser Wortart optimalen Kette ("Link", der Graph ist von hinten nach vorne verkettet)
- die Gewichtung dieser Kette ("Level")

Beispiel einer Besetzung von "Graph": Fuer den Eingabesatz "DER GEFANGENE FLOH" könnte man etwa den folgenden Graphen aufbauen. Dabei ist "Link" durch Pfeile repräsentiert, die Wortart ist nicht durch ihre Nummer, sondern durch ihre Externdarstellung ("Umwandlung"), dargestellt, und die Gewichte sind völlig weggelassen. Auch stellt das Diagramm nur eine möglich Besetzung von "Graph" dar, als er natürlich - neben dem Eingabesatz - auch von den in "ReadWbs" besetzten Wörterbüchern abhängt.

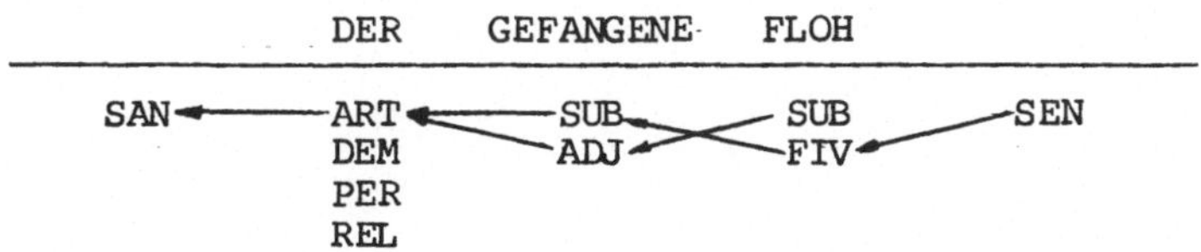

Dabei bedeuten:

ADJ	Adjektiv	PER	Personalpronomen
ART	Artikel	REL	Relativpronomen
DEM	Demonstrativpronomen	SUB	Substantiv
FIV	Finites Verb		

ferner stehen SAN und SEN für Satzanfang bzw. Satzende.

Eine derartige Besetzung wird folgendermaßen erreicht: Zuerst wird die erste, die SAN-Spalte, vollständig besetzt. Für diese Spalte sind der Wortart- und der Level-Wert konstant, der Link-Wert ist unerheblich, da hier das Ende der Link-Kette vorliegt. Anschließend werden in einer Schleife für alle echten Wörter die Wortarten bestimmt und anschließend "Link" und "Level" berechnet, unter Ausnutzung der in der vorhergehenden Spalte gespeicherten Information. Dies geschieht in der Prozedur "LevLiBesetz", die als Parameter die Spaltennummer mitgegeben bekommt. In dieser Prozedur werden alle möglichen Wortarten der aktuellen Spalte mit allen Einträgen der vorhergehenden Spalte kombiniert und für jede Wortart der aktuellen Spalte das Ergebnis mit der maximalen Gewichtung extrahiert und die Rückwärtskante "Link" auf den entsprechenden Knoten der Vorgängerspalte gezogen. Der Index, der für die Maximalität ausschlaggebend ist, ist das Produkt aus dem Levelwert der Vorgängerspalte in der betrachteten Zeile und die zu der aktuellen Wortartenkombination gehörige Gewichtung. Nachdem dieser Vorgang in der Hauptschleife für alle Wörter ausgeführt wurde, wird nach entsprechender Vorbesetzung die Prozedur "LevLiBesetz" auch noch für die Satzende-Spalte aufgerufen. Da es für die letzte Spalte (genau wie für die erste) lediglich eine "Wortart" gibt (nämlich "Satzende"), geht von dieser Spalte auch höchstens eine Rückwärtskante aus. Das Kriterium für die Existenz einer Kante ist der Wert von Link[Laenge,1], der ungleich Null sein muß. Man beachte dabei, daß in LevLiBesetz nur dann eine Kante gezogen wird, wenn der neuberechnete Level-Wert größer als der vorhergehende, also insbesondere größer als 0, dem Vorbesetzungswert, ist. Auch Level[Laenge,1]≠0 wäre ein geeignetes Kriterium. Ist dieses Kriterium erfüllt, so wird in einer Schleife die Darstellung der optimalen Kette in einer string-Variablen aufgebaut und anschließend zusammen mit dem "Level"-Wert ausgegeben, im anderen Falle wird eine Mißerfolgsmeldung ausgegeben.

Anhang A: Glossary

Arithmetischer Ausdruck:

Ein Ausdruck, der aus Konstanten, Variablen, Operatoren und Klammern nach strengen Syntaxregeln gebildet wird und zur Berechnung eines Wertes dient. Beispiel: (der Einfachheit halber rein numerisch)
((A+5)*(3-B)+4)/(C-17)
In Comskee haben arithmetische Ausdrücke einen festen Typ (innerhalb eines Programm-Kontextes), allerdings kann der Wert i.a. erst zur Laufzeit des Programmes berechnet werden (es sei denn, alle Konstituenten sind Konstanten).

Betriebssystem:

Bezeichnung für die Zusammenfassung der "untersten Basisprogramme" in einem Rechner. Das Betriebssystem sorgt z.B. dafür, daß mehrere (Benutzer-)Programme quasi gleichzeitig in einem Rechner laufen können oder es sorgt für eine Schnittstelle zwischen Benutzerprogrammen und Ein-Ausgabe-Geräten (Terminale, Drucker, aber auch Plattenspeicher).

Bildschirm(-terminal):

Damit ist hier ein Dialog-Daten-Ein/Ausgabe-Gerät gemeint, das mit einem Rechner verbunden ist, und bei dem die Erfassung (Eingabe) über eine Schreibmaschinentastatur geschieht und die Ausgabe auf einem (Fernseh-)Bildschirm erfolgt (als Schrift oder auch als graphische Ausgabe, und sogar evtl. mehrfarbig).

Binäre Operation:

Zweistellige Operation, d.h. der zugehörige Operator bindet zwei Operanden an sich. Z.B. +, * oder cat.

Blank:

Bezeichnung für ein Leerzeichen, dargestellt als ' '. Ein Leerzeichen wird am Bildschirm eingegeben durch Betätigung der Leertaste.

Call by reference:

Bei diesem Parameterübergabemechanismus wird an die gerufene Prozedur oder Funktion der aktuelle Parameter in der Art übergeben, daß jede Veränderung des formalen Parameters in der Prozedur die gleiche Veränderung am aktuellen Parameter bewirkt. Dies ist natürlich höchstens dann zu erkennen, wenn es sich beim aktuellen Parameter um eine einfache oder indizierte Variable handelt. Ist der aktuelle Parameter z.B. ein echter arithmetischer Ausdruck oder eine Konstante, so wird als aktueller Parameter eine Kopie des Wertes übergeben.

Call by value:

Dies ist ein bestimmter Mechanismus bei der Parameterübergabe bei Prozeduren und Funktionen. Hierbei wird lediglich der Wert des aktuellen Parameters übergeben. Veränderungen des formalen Paramters innerhalb der Prozedur haben keinen direkten Einfluß auf den aktuellen Parameter.

Daten:

Unter diesem Begriff wird all das zusammengefaßt, was von einem Programm gelesen, verarbeitet oder erzeugt werden kann. Daten können langfristig gespeichert sein (auf Dateien oder in Wörterbüchern) oder auch nur kurzfristig (in Variablen).

Drucker:

Der Drucker ist in unserem Sinne ein Datenausgabegerät, mit dem im Rechner gespeicherte und aufbereitete Daten auf Papier ausgedruckt werden können. Man unterscheidet z.B. Schönschreibdrucker, die Schreibmaschinenqualität erzeugen, Schnelldrucker, Laserdrucker, Kettendrucker und Matrixdrucker - je nach Druckverfahren und -geschwindigkeit.

File:

Zu deutsch "Datei", eine Ansammlung von z.B. Text- oder Programmdaten in einer bestimmten Anordnung (z.B. sequentiell oder mit Direktzugriff zu Sätzen). Ein File liegt üblicherweise auf Hintergrundspeicher, der langsamer als der Hauptspeicher ist, dafür behält er langfristig seine Information.

Hardware:

Das ist der Teil des Rechners, den man wirklich anfassen kann, also z.B. die elektronischen Bauteile, das Gehäuse oder die Stromversorgung. Desweiteren unterscheidet man noch Soft- und Firmware (letztere nimmt eine Zwischenposition ein).

Implementierer:

Das ist diejenige Person, die ein bestimmtes Programm geschrieben hat. Bei der Programmentwicklung unterscheidet man (u.a.) die Systemanalyse (Festlegung was und wie es prinzipiell gemacht wird) und die

Implementierung (das eigentliche Schreiben des Programms).

Infixnotation:

Ist eine Schreibweise bei der Notation von arithmetischen Ausdrücken. Sie besagt, daß der Operator zwischen die Operanden geschrieben wird. Z.B. bei A - B steht der Operator (Subtraktion) zwischen den Operanden im Gegensatz zum Vorzeichen-Minus, das vor den Operanden geschrieben wird (-A, "Präfixnotation").

Interncode:

Im Rechner werden alle Zeichen (Klein- und Großbuchstaben, Ziffern, Sonderzeichen und nicht darstellbare Zeichen) durch Zahlen, die üblichwerweise zwischen 0 und 255 oder 127 liegen, dargestellt. Der Interncode gibt nun an, wie die Zuordnung zwischen den Zeichen und den dazugehörigen Zahlen ist. Bekannte Interncodes sind z.B. ASCII (American Standard Code for Information Interchange) oder EBCDIC (Extended Binary Coded Decimals Interchange Code).

Intervall:

Ist in Zusammenhang mit Comskee ein bestimmter Zahlenbereich zwischen zwei Zahlen, wobei nur ganze Zahlen betrachtet werden.

Konsole:

Eine weitere Bezeichnung für ein (Bildschirm-)Terminal. Insbesondere wird als solche das Bediengerät des Operators (engl. ausgesprochen bezeichnet Operator nicht ein Programm, sondern einen Menschen, der einen Computer von der Operator-Konsole aus bedient, er wird auch Operateur genannt) bezeichnet, von dem aus er den Ablauf des Rechners überwacht und regelt.

Laufzeitsystem:

Das Laufzeitsystem umfaßt alle Standardprozeduren und -funktionen, die für die Erledigung derjenigen Aufgaben sorgen, die zu umfangreich sind, um sie direkt bei der Compilierung des Benutzerprogramms in das erzeugte (Maschinen-)Programm hineinzuübersetzen. Stattdessen wird an dieser Stelle nur ein Prozeduraufruf erzeugt. Steht im Benutzerprogramm z.B. S1 := S2 cat S3 , so wird hier vom Übersetzer ein (für den Benutzer unsichtbarer) Prozeduraufruf zu einer Standardprozedur für die Konkatenation von Strings erzeugt.

Lexikographisch:

Als lexikographische oder verallgemeinerte alphabetische Ordnung wird hier eine solche bezeichnet, die sich aus der Basisordnung der Zeichen im Rechner ergibt. So liegt in dieser Ordnung (je nach Rechner) z.B. das große A hinter dem kleinen z.

Operand:

Das ist derjenige Ausdruck, auf den der Operator wirkt. Zweistellige Operatoren "regieren" zwei Operanden usw.

Operator:

Ein Operator ist der Kern eines arithmetischen Ausdrucks, den er zusammen mit seinen (seinem) Operanden bildet. Die Operanden können bzw. der Operand kann selbst wieder ein arithmetischer Ausdruck sein, der aus Operatoren und Operanden besteht.

Scope:

Mit scope wird der "Sichtbarkeitsbereich" eines benannten Objektes (z.B. einer Variablen oder einer Prozedur) in einem Programm bezeichnet. So ist z.B. eine Variable höchstens in dem Block, in dem sie deklariert wurde, und in den zugehörigen Unterblöcken, sichtbar. Gültig ist sie in genau diesen Blöcken.

Semantik:

Bedeutung und innere Abhängigkeit in einem (Programm-) Text. Im Rahmen der Programmiersprachen wird mit Semantik all die Information bezeichnet, die in einem Programm steckt und sich nicht durch Syntax ausdrücken läßt. Also einerseits die Bedeutung eines Programmes, aber andererseits auch solche Forderungen wie die, daß zu jeder benutzten Variable auch eine Deklaration vorhanden sein muß, in der u.a. ihr Typ festgelegt wird.

Software:

Das sind - im Gegensatz zur Hardware - die Teile eines Rechners, die nicht mehr anfaßbar sind sondern nur noch aus gedanklichen (virtuellen) Objekten bestehen. Es ist die Gesamtheit der Programme und ggf. auch der Daten, die notwendig sind, damit ein Rechner das tut, was man von ihm erwartet.

Syntax:

Mit der Syntax einer Programmiersprache bezeichnet man alle die durch eine üblicherweise kontextfreie Grammatik ausdrückbaren Festlegungen, die beliebige Texte davon unterscheiden, korrekte Programmtexte zu sein. Häufig werden auch die kontextsensitiven Beziehungen (etwa das Zusammenpassen von Typen, Sichtbarkeitsaspekte) noch als Syntax bezeichnet. Unter Semantik versteht man dann lediglich noch die Bedeutung des Programms.

Terminal:

Oberbegriff für Datenendgeräte, die der Ein- und/oder Ausgabe von Daten dienen. Darunter fallen sowohl Bildschirmterminale als auch Fernschreiber, TTY's (Teletype) oder Lochstreifengeräte, soweit sie mit einem Rechner kommunizieren.

Uniform:

"In gleicher Art und Weise, nach dem gleichen Muster"

Unäre Operation:

Einstellige Operation, i.a. in Präfixschreibweise. Z.B. Vorzeichen-Minus oder die Längen- bzw. Anzahl-Bildung mit #.

Anhang B: Lösungen der Übungsaufgaben

Lösungen der Aufgaben aus Kapitel 2:

Aufgabe 2.1:

a) W nicht erlaubt
b) Mindestens ein F oder T (bzw. 0 oder 1) erforderlich
c) Ein einzelner Apostroph ist innerhalb einer Stringkonstanten nicht erlaubt
d) Nach dem Dezimalpunkt muß eine Ziffer kommen
e) Vor dem Dezimalpunkt muß eine Ziffer stehen
f) Ein führendes Minuszeichen gehört nicht zur Konstante

Aufgabe 2.2:

a) ja b) nein c) ja
d) nein e) nein

Aufgabe 2.3:

a) richtig, Typ number, 0, (sin(#'abc'))*0
b) richtig, Typ string, 'cbaaa',
(<-'abc') cat (('xyz'.'y')*'a')
c) falsch, linker Operand von . hat Typ number,
((#'abc').'b')*'c'
d) falsch, zweites not wirkt auf 'A',
not("TFT" and ((not 'A')='B'))
e) falsch, zweites Mengenelement hat Typ number,
#{((3*5)*'A'),(('ABC'.'DEF')+2)}

Aufgabe 2.4:

a) 'akad'¬=* b) 'adabra'¬=* c) 'd'¬=*
d) 'br'¬=* e) 'da'¬=* f) 'rakadabra'=*
g) ''=* h) 'adabra'=* i) 'braka'¬=*
j) Syntaxfehler

Lösungen der Aufgaben aus Kapitel 4:

Aufgabe 4.1:

```
a)  if S='schwarz' then write 'weiss'
                   else write 'schwarz'
    fi

b1) if S='schwarz'
      then write 'weiss'
      else if S='weiss' then write 'schwarz' fi
    fi

b2) case S
    with 'schwarz': write 'weiss'
    with 'weiss':   write 'schwarz'
    esac
```

Aufgabe 4.2:

```
for I from 1 to #S
loop
  if S(I)='e' then S(I) := 'E'
  fi
pool
```

Aufgabe 4.3:

```
loop
  < Anweisungsblock A >
pool until < Bedingung B >
```

ersetzen durch

```
< Anweisungsblock A >;
while not( < Bedingung B > )
loop
  < Anweisungsblock A >
pool
```

Anhang C: Liste der Schlüsselwörter

Es handelt sich bei den Wörtern der nachfolgenden Liste um Schlüsselwörter und sog. vordefinierte Bezeichner. Das sind solche Bezeichner, die schon vom Comskee-System aus einen vorbestimmten Sinn haben, den sie beibehalten, solange der Benutzer sie nicht deklarierend verwendet. Successor ist ein Beispiel für diesen Typ "Schlüsselwörter". Es ist also zulässig, eine Variable namens successor z.B. als String zu deklarieren, was z.B. mit dem Namen proc nicht möglich wäre. Im Sichtbarkeitsbereich dieser Deklaration kann man dann aber nicht die successor-Beziehung in einem Wörterbuch benutzen.

In Rahmen dieses Buches wird nicht explizit zwischen diesen beiden Arten von "Wortsymbolen" unterschieden, da es die Lesbarkeit von Programmen nicht erhöht, wenn man vordefinierte Bezeichner unstandardmäßig verwendet.

ABS	AND	ALL	ARRAY	BEGIN	BITS
BY	CALL	CASE	CAT	CBS	CNS
COS	CSB	CSN	CONNECT	ELSE	END
ENTIER	ESAC	EQUI	EXP	EXPORT	EXTERN
FI	FILE	FIRST	FOR	FOREACH	FROM
FUNC	GOTO	IF	IMPL	IMPORT	IN
JOIN	KEY	LAST	LEFTEND	LN	LOOP
MAXPREFIX	MEET	MODULE	NOT	NUMBER	ON
OR	PARTOF	POOL	PREDECESSOR	PROC	READ
RECORD	REPLACE	RETURN	RIGHTEND	SENTENCE	SET
SIN	SQRT	STRING	SUCCESS	SUCCESSOR	TCT
THEN	TO	UNTIL	VALUE	WHILE	WITH
WRITE					

Anhang D: Syntaxdiagramme

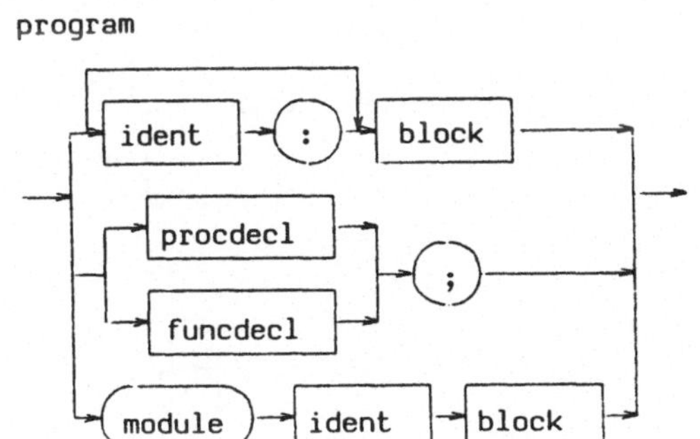

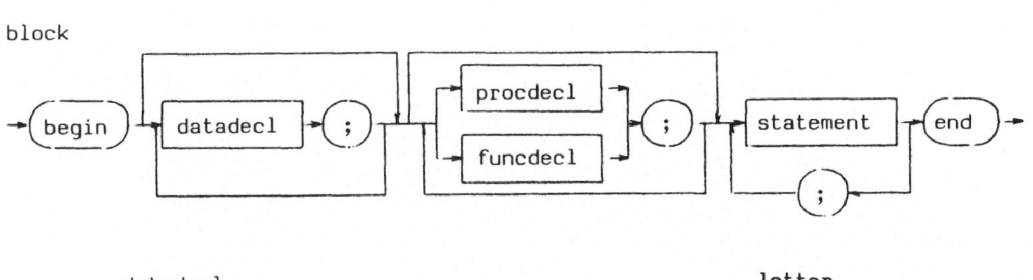

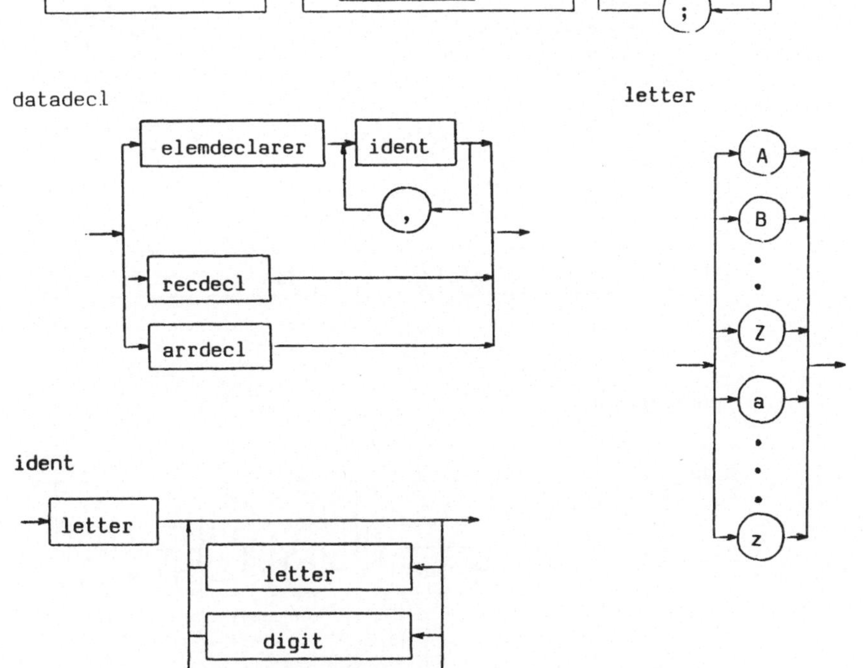

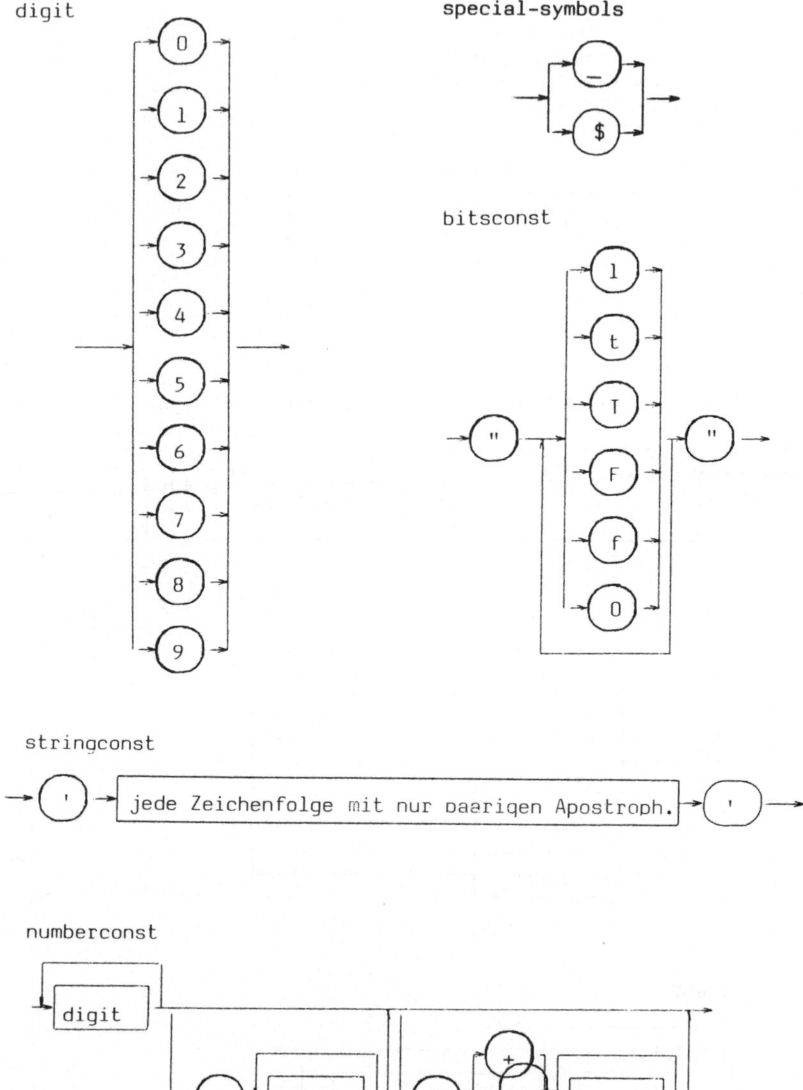
digit
0
1
2
3
4
5
6
7
8
9
special-symbols
_
$
bitsconst
"
1
t
T
F
f
0
"
stringconst
'
jede Zeichenfolge mit nur paarigen Apostroph.
'
numberconst
digit
.
digit
E
+
-
digit

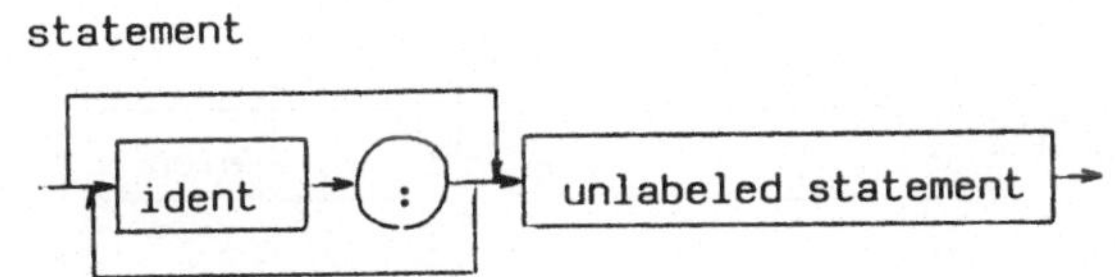
statement
ident
:
unlabeled statement

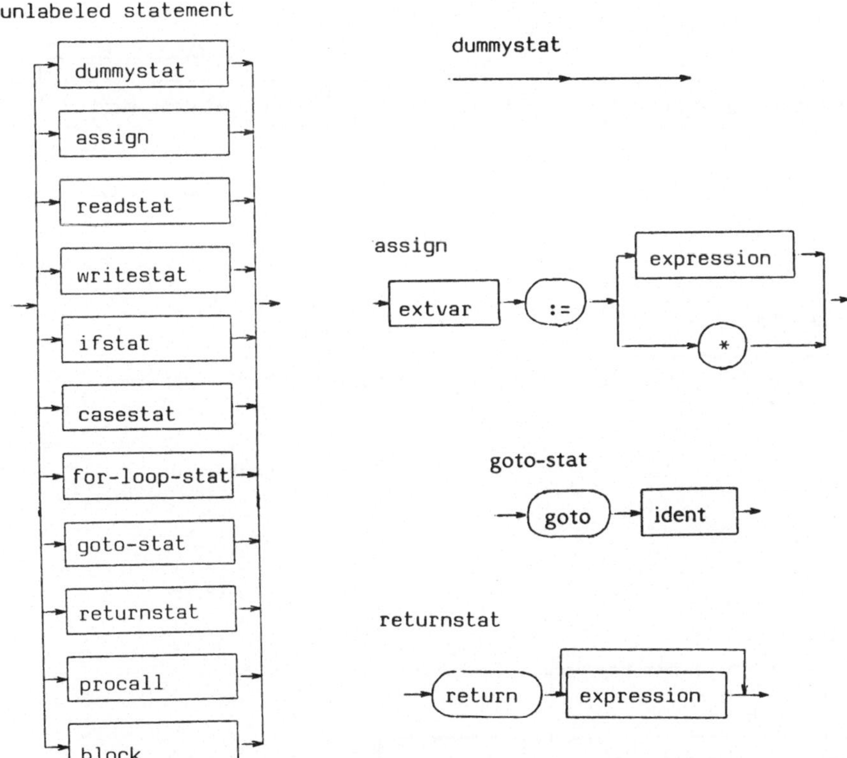
unlabeled statement
dummystat
assign
readstat
writestat
ifstat
casestat
for-loop-stat
goto-stat
returnstat
procall
block
dummystat
assign
extvar
:=
expression
*
goto-stat
goto
ident
returnstat
return
expression

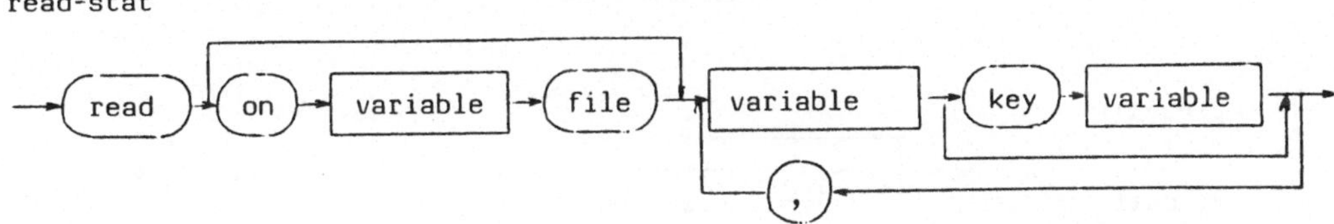
read-stat
read
on
variable
file
variable
key
variable
,

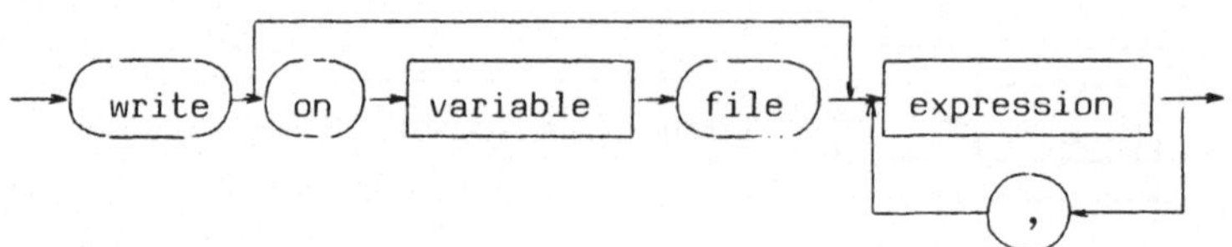

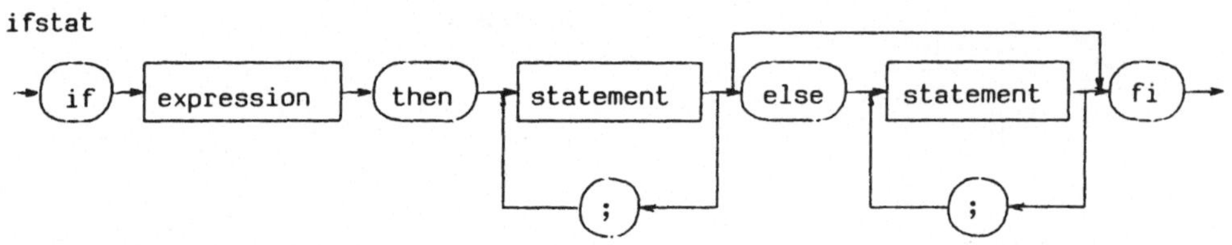

case-stat

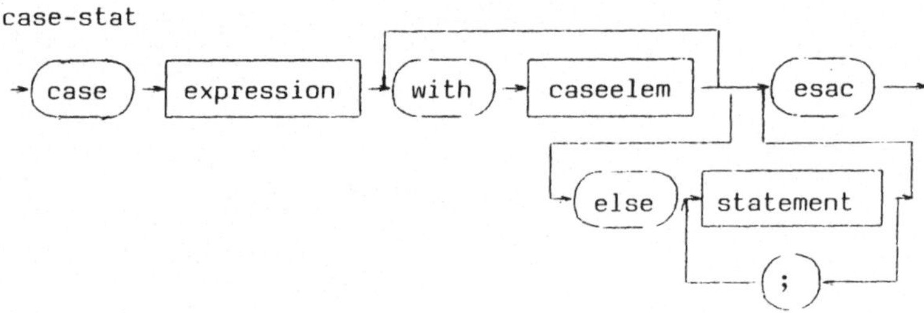

case elem

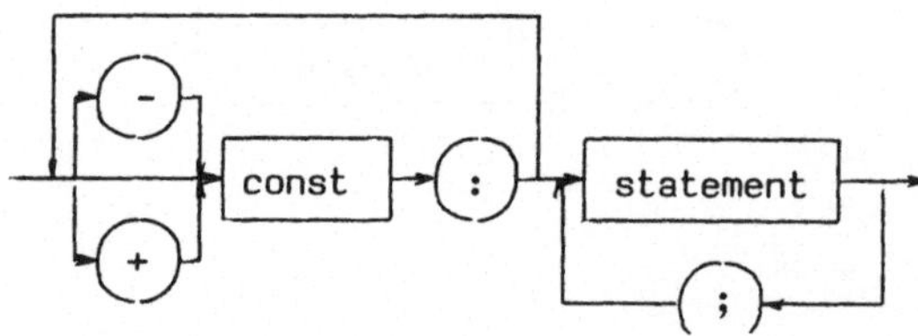

procall

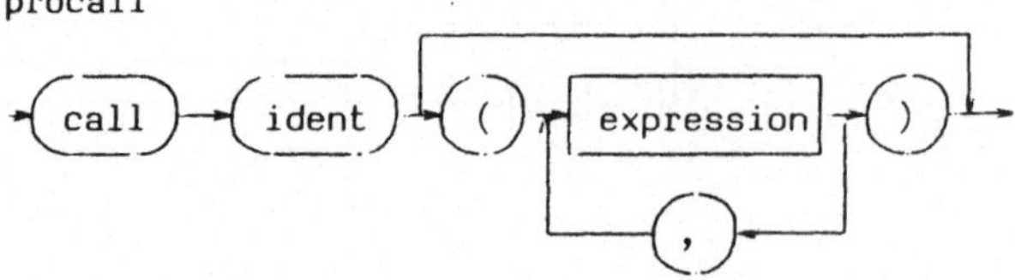

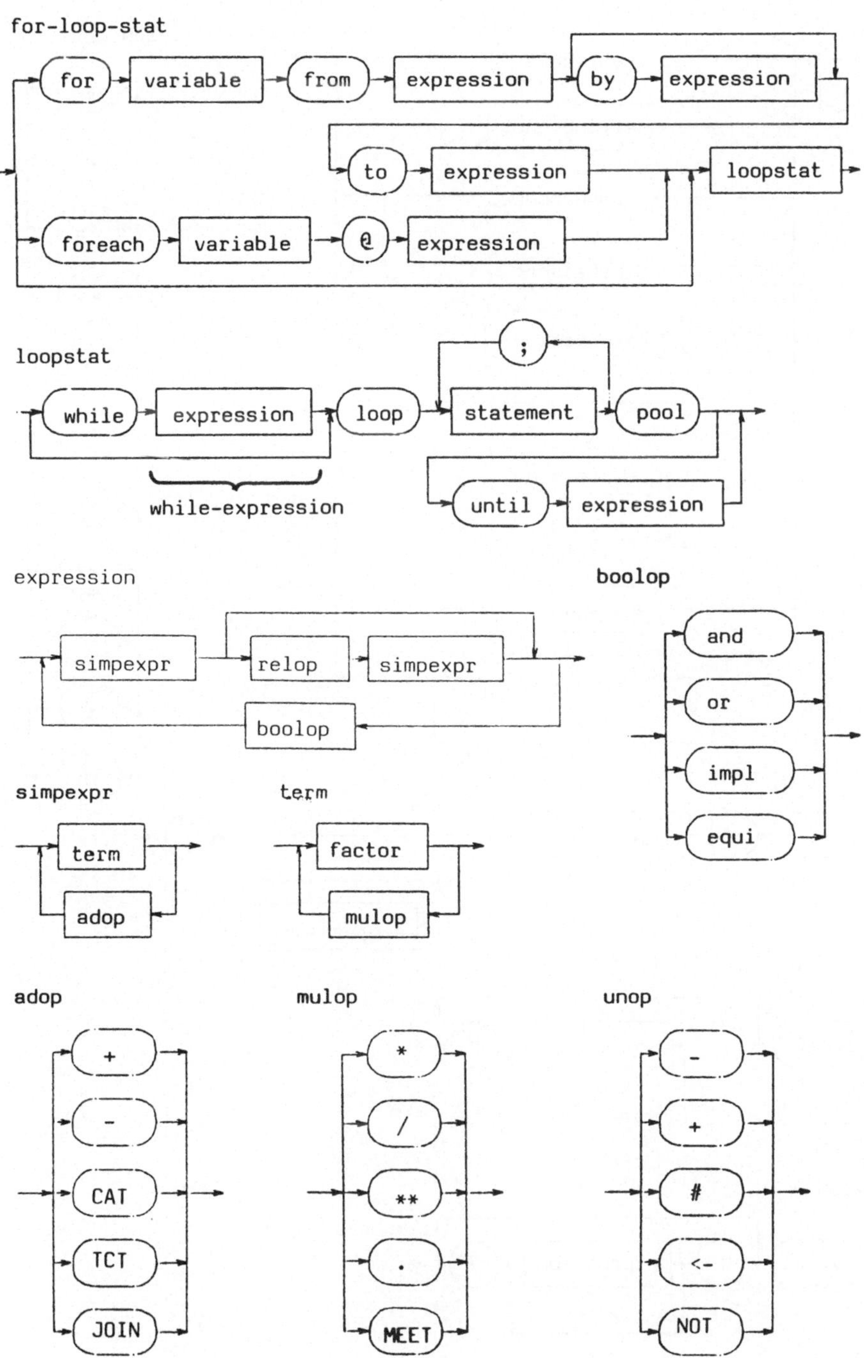
for-loop-stat
for
variable
from
expression
by
expression
to
expression
loopstat
foreach
variable
@
expression
loopstat
while
expression
loop
;
statement
pool
while-expression
until
expression
expression
simpexpr
relop
simpexpr
boolop
boolop
and
or
impl
equi
simpexpr
term
adop
term
factor
mulop
adop
+
-
CAT
TCT
JOIN
mulop
*
/
**
.
MEET
unop
-
+
#
<-
NOT

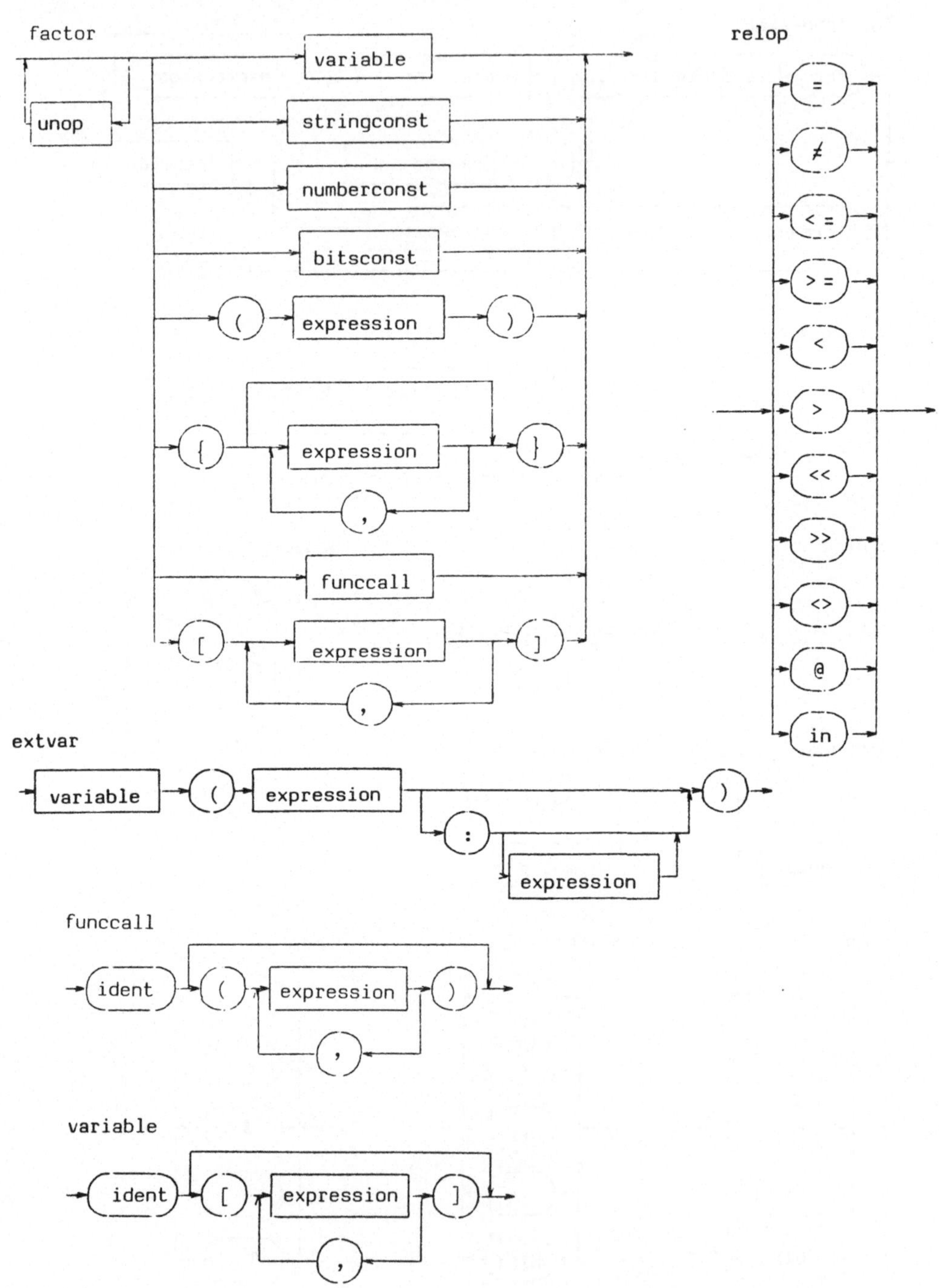
factor
unop
variable
stringconst
numberconst
bitsconst
(
expression
)
{
expression
,
}
funccall
[
expression
,
]
relop
=
≠
< =
> =
<
>
<<
>>
<>
@
in
extvar
variable
(
expression
:
expression
)
funccall
ident
(
expression
,
)
variable
ident
[
expression
,
]

cns-expr

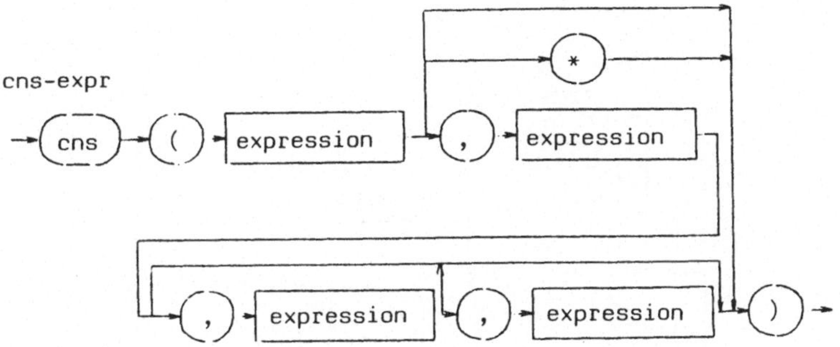

cns
(
expression
*
,
expression
,
expression
,
expression
)

csn-expr

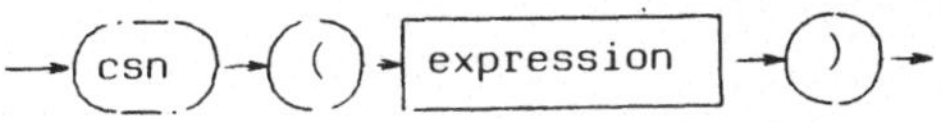

csn
(
expression
)

cbs-expr

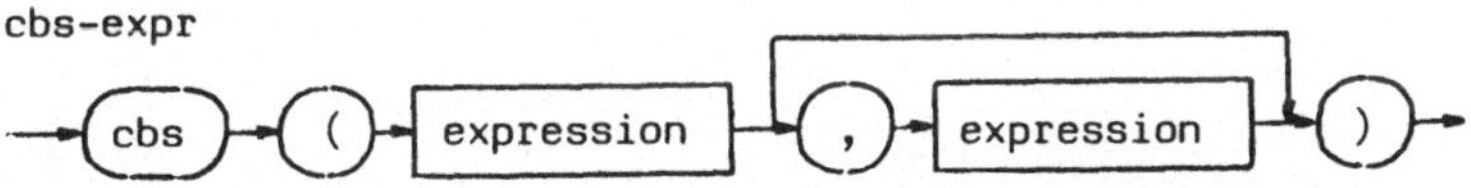

cbs
(
expression
,
expression
)

csb-expr

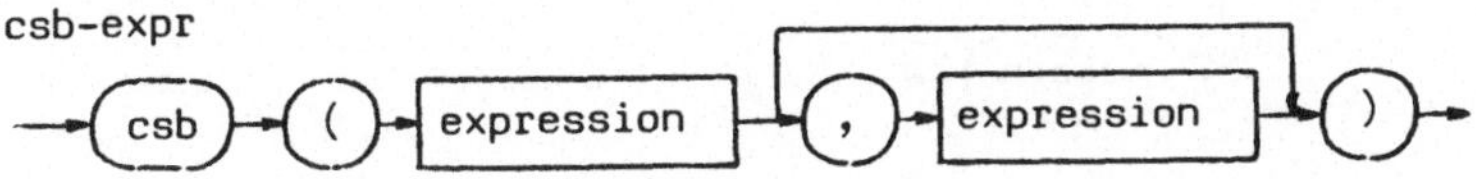

csb
(
expression
,
expression
)

procdecl

proc
ident
(
paramspec
;
)
procbody

funcdecl

func
number
string
bits
set
ident
(
paramspec
;
)
procbody

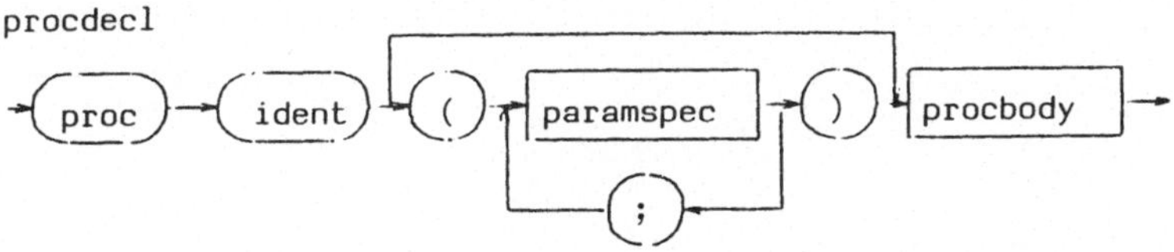

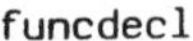

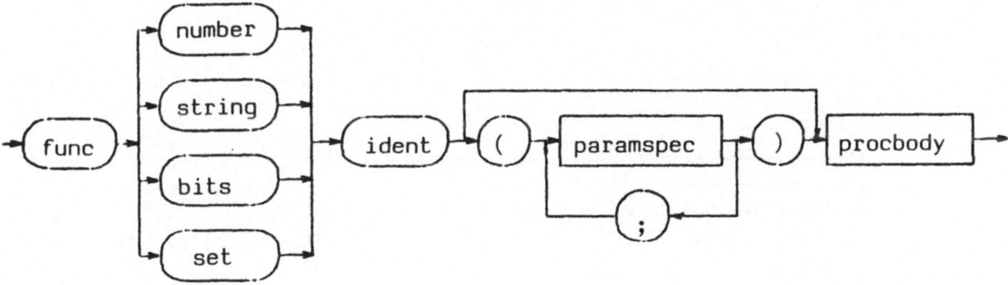

paramspec

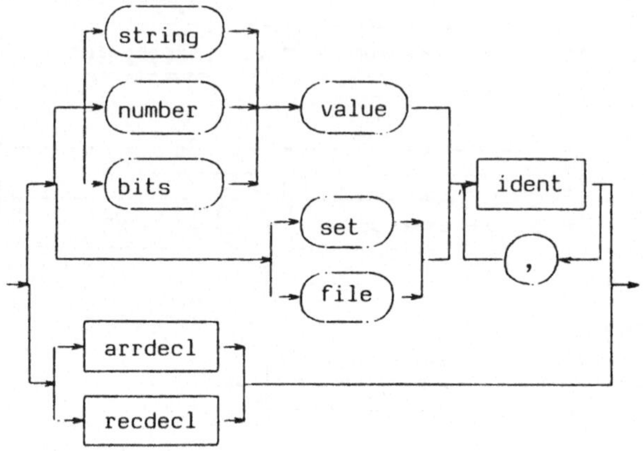

string
number
bits
value
set
file
ident
,
arrdecl
recdecl

procbody

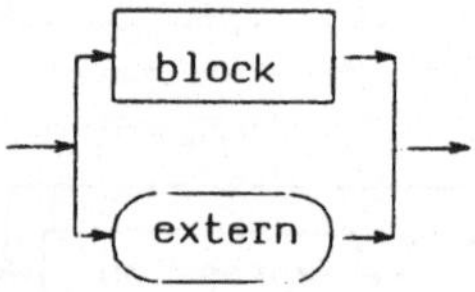

block
extern

elemdeclarer

string
number
bits
file
set

replacestat

in
variable
replace
first
all
last
expression
by
expression
success
variable

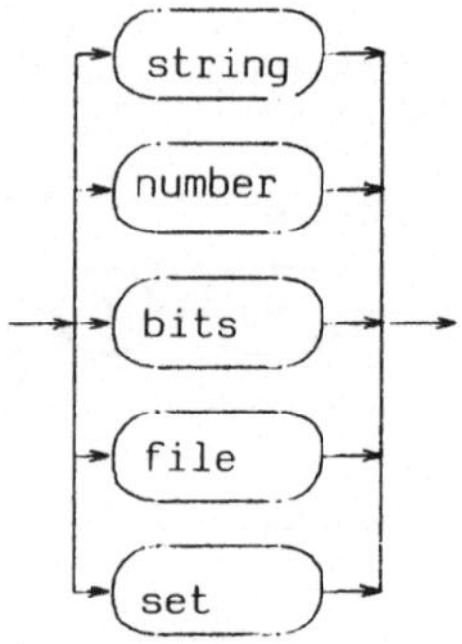

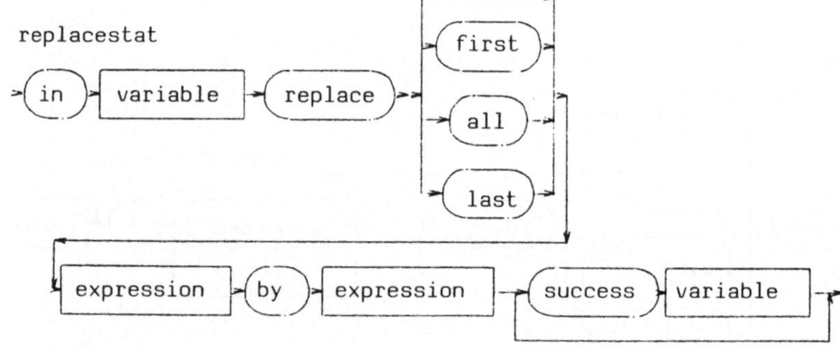

arrdecl

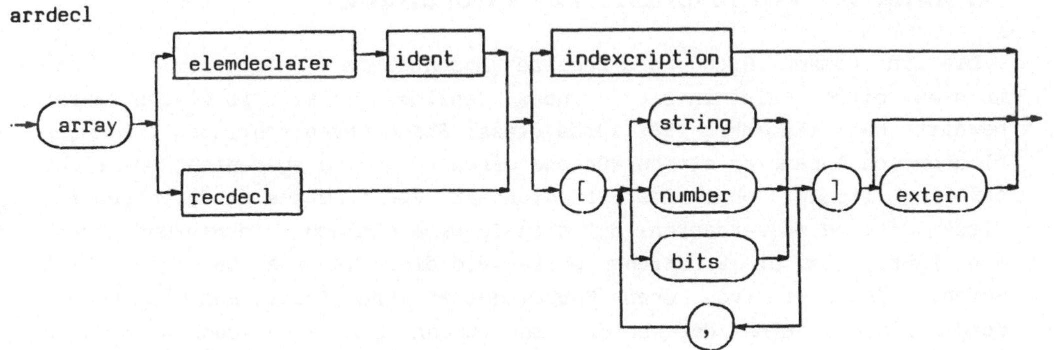

indexcription

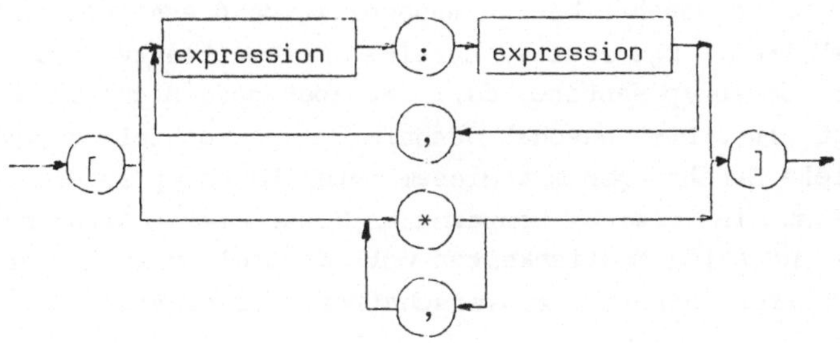

recdecl

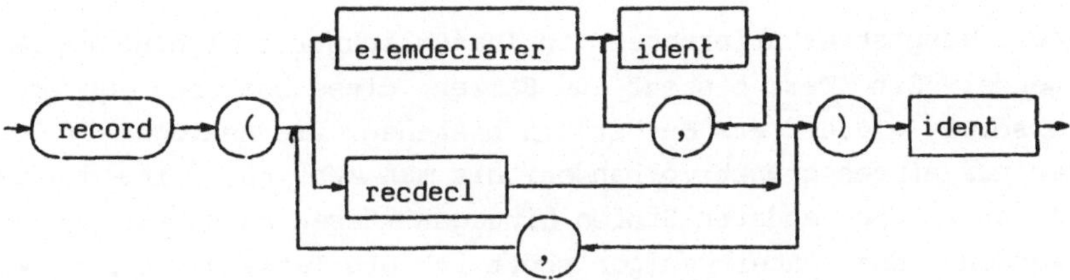

Anhang E: Vorgesehene Erweiterungen

Die in diesem Buch vorgestellte Ausbaustufe der Programmiersprache Comskee bildet ein in sich "rundes" Gebilde, die sich in vielen Jahren bewährt hat (im Jahre 1981 wurde dieser Stand festgeschrieben). Dennoch blieben von Anfang an einige Wünsche offen, die sich aber nicht so leicht erfüllen ließen, ohne das Grundkonzept von Comskee zu durchbrechen. Diesem ist es zu verdanken, daß sich Comskee einfach erlernen und anwenden läßt. Erst die Erfahrung lehrte, wie diese Wünsche wohl zu erfüllen seien. Für zwei (von drei) Hauptwünschen wurde inzwischen eine Lösung vorgeschlagen. Eine der beiden Neuerungen fand auch schon Eingang in dieses Buch, nämlich das Comskee-Modulkonzept, das in Kap. 6.9 behandelt wurde. Daß es nachträglich in die Sprache aufgenommen wurde, kann man bei kritischer Beobachtung daran erkennen, daß es sich überschneidet mit dem Konzept der getrennt übersetzten Unterprogramme (Kap. 6.8). Um aber bisherige Programme nicht umschreiben zu müssen, wurde dieser Bestandteil von Comskee beibehalten. Das zweite, bereits implementierte Sprachkonstrukt stellt der Datentyp sentence dar, der aber noch nicht in diesem Buch berücksichtigt ist. Dies geschah deshalb, da es noch nicht möglich war, ausreichend viele Erfahrungen mit diesem neuen Datentyp zu gewinnen, die nötig wären, um in gleich kompetenter Weise dieses Sprachmittel würdigen zu können, und seine Möglichkeiten voll darstellen zu können. Um dem Leser einen kurzen Eindruck zu verschaffen, sei es hier aber kurz skizziert:

<u>Der Datentyp Satz</u>

Eine der Hauptstrukturierungen in (natürlichsprachlichen) Texten ist die folgende: Ein Text besteht aus Sätzen, diese bestehen aus Wörtern, die ihrerseits wieder aus Buchstaben bestehen. Die Analogie in Comskee ist bisher nur eingeschränkt vorhanden, als man zwar für Texte den Datentyp file hat, die anderen Stufen hingegen müssen durch strings ausgedrückt werden. Was dabei weniger stört ist die Tatsache, daß es keinen Datentyp Buchstaben (oder character) gibt - im Gegensatz zu vielen anderen Programmiersprachen. Buchstaben kann man ohne Verlust als strings bzw. als positionellen Teilstringzugriff in einen string (z.B. S(I)) darstellen. Hingegen tut man sich schwerer bei der Repräsentation von Sätzen in strings: Es gibt z.B. keinen direkten Zugang zu etwa dem 3. Wort (vgl. Kap. 6.1, Funktion N_tes_Wort). Dieser Mangel wird durch die Einführung eines Datentyps "Satz", oder englisch "sentence" gelöst. Seine Basisstruktur ist eine Liste von strings, die - entsprechend der Comskee-

Philosophie - beliebig lang sein kann und auch durch die entsprechenden Operationen (Konkatenation etc.) beliebig verlängert und verkürzt werden kann. Mit dieser Eigenschaft und den zusätzlichen Operationen unterscheidet sich dieser Datentyp deutlich von einem array string.

Deklariert wird eine Variable vom Typ sentence etwa folgendermaßen:

```
sentence T
```

In diesem Fall sind die Elemente T[1], T[2], ... T[#T] (vom Typ string) die einzelnen Wörter oder Komponenten von T. Ein Satz kann durch unterschiedliche Operationen manipuliert werden: Die Basiswertgenerierung geschieht in der Form einer Aggregatbildung, deren Syntax ähnlich der Mengenliste ({ ... }) ist, nur statt der geschweiften Klammern kommen eckige zur Anwendung:

```
T := ['Dies', 'ist', 'ein', 'Satz']
```

Nach dieser Zuweisung gilt dann etwa T[3]='ein'. Neben dieser Aggregatbildung gibt es auch die beim Datentyp strings vorhandenen Operationen und Prädikate, die in völlig analoger Weise interpretiert werden (cat, tct, Replikator, #, Position, replace, Teilkettezuweisung, Teilkettenzugriff, leftend, rightend, partof, erweiterte lexikographische Reihenfolge). Die Interpretation geschieht aber insgesamt eine Stufe höher, d.h. was bei den strings die einzelnen Buchstaben sind, sind hier strings, was bei den strings Teilstrings sind, sind hier Teilsätze. Als generelle Regel gilt, daß runde Klammern "stufenerhaltend" sind, eckige dagegen nicht. So ist T(1) der Teilsatz, der aus dem ersten Wort von T besteht (im Normalfall ein einwortiger Satz, d.h. #T(1)=1), wo hingegen T[1] das erste Wort von T, also ein string ist.

Neben den von den strings her bekannten Operationen gibt es noch zusätzliche Transferfunktionen zwischen strings und sentences: zwei Basistransferoperationen haben wir schon gesehen, nämlich die string-Liste und der Einzelwortzugriff, der sowohl lesend als auch schreibend erfolgen kann. Um aber z.B. aus einem eingelesenen "Satz" (im alten Sinne), der nach wie vor ein string sein muß (read S), einen Satz im neuen Sinne zu erzeugen, gibt es die Funktion decompose, die z.B. alle Leerzeichen im string als Trennzeichen auffaßt, und das was dazwischen liegt, als die einzelnen Wörter. Z.B. bewirkt eine Zuweisung

```
T := decompose('Dies ist ein Satz')
```

den gleichen Wert für T, wie bei der obigen Aggregatzuweisung. Um flexiblere Anwendungsmöglichkeiten zu haben, kann man die Funktion noch weiter parametrisieren: als Zusatzparameter kann man das (oder die) Trennzeichen genau spezifizieren und auch angeben, welche Trennzeichen wegfallen sollen (wie oben das Leerzeichen), und welche erhalten bleiben sollen (dargestellt durch den 2. und 3. Parameter, jeweils als strings). So ist z.B.

```
decompose(S,' ',',.:;!?')
```

die Zerlegung des Strings S in einen Satz, wobei Blanks und Satzzeichen als Trennsymbole interpretiert werden, letztere werden zu eigenen "Wörtern". Somit erhält man für

```
S='Das Haus, das ich kenne'
```

den Sentencewert

```
['Das', 'Haus', ',', 'das', 'ich', 'kenne'].
```

Die inverse Funktion zu decompose ist die Funktion compose, die einen Ausdruck vom Typ sentence (wieder) zu einem string zusammensetzt, in dem alle Wörter des Satzes miteinander konkateniert werden unter Einschiebung eines spezifizierbaren Trennzeichens (besser Trennwortes). Ist kein Trennzeichen angegeben, so wird ein Leerzeichen genommen. Z.B. ist

```
write compose(T)
```

eine geeignete Methode, um eine Variable vom Typ sentence auszugeben. Noch ein kleines Beispielprogramm, das die Verwendung von sentences illustriert:

```
WordCount : begin
/* Berechnet die Anzahl der Woerter und Zeilen in einem File */
  string File_Name, S; file F; number Word_Number, Line_Number;
  sentence T;
  write 'Gib File-namen';    read File_Name;
  connect File_Name to F;
  Word_Number := 0;          Line_Number := 0;
  read on F file S;
  while S≠*
  loop
    Line_Number := Line_Number + 1;
    T := decompose(S,' ,.;:!?()-/"''');
    /* auch Satzzeichen sind Trenner, die aber nicht mitgezählt
       werden sollen */
    in T replace all [''] by []; /* leere Wörter entfernen */
    Word_Number := Word_Number + #T;
    read on F file S;
  pool;
  write File_Name cat ' enthaelt ' cat cns(Word_Number,*) cat
       ' Eintraege in ' cat cns(Line_Number,*) cat ' Zeilen';
```

```
end /* WordCount */
```

Anhang F: Standard-Unterprogramme

Bemerkung:

Die hier aufgezählten Standardunterprogramme entsprechen der Siemens-BS2000-Implementierung. Bei anderen Implementierungen können sie im Funktionsumfang leicht variieren.

1. Funktionen zur Stringverarbeitung:

LOWERTO — Deklaration: func import string Lowerto (string S);
alle Kleinbuchstaben von S werden in Großbuchstaben verwandelt.

UPPERTO — Deklaration: func import string Upperto (string S);
alle Großbuchstaben von S werden in Kleinbuchstaben verwandelt.

CHR — Deklaration: func import string Chr (number I);
Die Zahl I wird gemäß der Zentralcodetabelle in das entsprechende Characterzeichen gewandelt. Das Ergebnis ist ein String der Länge 1.

ORD — Deklaration: func import number Ord (string S);
Das erste Zeichen des strings S wird in die Zentralcodezahl gewandelt.

INPUT — Deklaration: func import string Input (string Text);
Nach Ausgabe des Textes auf die Konsole, wird eine Eingabe erwartet. Es werden keine zusätzlichen Eingabeaufforderungszeichen ausgegeben. Die Konsoleingabe wird zum Funktionswert.

2. Funktionen zur Division mit Rest

DIV — Deklaration: func import number Div (number I, J);
Ganzzahlige Division I/J. Bei positiven Zahlen wird nach unten abgerundet, bei negativen Zahlen nach oben. (Absolut-Abrundung, ganzzahliger Anteil).

MOD — Deklaration: func import number Mod (number I, J);
Ergebnis ist der Rest nach ganzzahliger Division.

3. Allgemeine Funktionen

DATE	Deklaration: func import string Date; Ergebnis ist das aktuelle Datum in der Form: "MM/TT/JJDDD". MM, TT, JJ bezeichenen Monat, Tag bzw. Jahr; DDD ist die Nummer des Tages im Jahr.
CLOCK	Deklaration: func import string Clock; Ergebnis ist die Uhrzeit in der Form: "HHMMSS". HH, MM, SS bezeichen Stunde Minute und Sekunde.
CPUTIME	Deklaration: func import string Cputime; Egebnis ist die Verbrauchte Rechenzeit des Gesprächs in Sekunden als string der Länge 8 mit 5 Vor- und 2 Nachkommastellen.
TSN	Deklaration: func import string TSN; Ergebnis ist die Gesprächsnummer (task-sequence-number) des rufenden Prozesses als string der Länge 4.
CATALOG	Deklaration: func import set Catalog (string T); Es werden alle Dateinamen mit der Teilqualifikation T in die Ergebnismenge aufgenommen.
COMMAND	Deklaration: proc import Command (string K); Der string K wird als Kommando interpretiert. Während es ausgeführt wird, wartet der laufende Prozess.
CMDRET	Deklaration: func import string CmdRet (string K); Das Kommando K wird ausgeführt. Die Ausgabe, die das aufgerufene Kommando erzeugt, wird der Rückgabewert von CmdRet.
BREAK	Deklaration: proc import Break; Das laufende Programm wird unterbrochen und die Eingabe von Betriebssystem-Kommandos erwartet. Der Wiederanlauf des Programms erfolgt nach der Eingabe des entsprechenden Kommandos (RESUME).

Anhang G: Literaturverzeichnis

[COM 76] Bertsch, E., Mueller-v.Brochowski, A., Neisius, A., Pink, A.:
Die Programmiersprache COMSKEE
Bericht E1 des Sonderforschungsbereiches 100, Saarbrücken 1976

[COM 78] Bertsch, E., Mueller-v.Brochowski, A.:
The Programming Language COMSKEE, Revised Report
Linguistische Arbeiten, Neue Folge, Heft 1, Sonderforschungsbereich 100, Saarbrücken 1978

[COM 81] Mueller-v.Brochowski, A., Arz, J., Auler, P., Messerschmidt, J., Ries, M.:
The Programming Language COMSKEE, 2nd Revised Report
Linguistische Arbeiten, Neue Folge, Heft 4, Sonderforschungsbereich 100, Saarbrücken 1981

[Mes 79] Messerschmidt, J.:
Das COMSKEE-System.
In: Linguistische Arbeiten, Neue Folge, Heft 3.2, Sonderforschungsbereich 100, Saarbrücken 1979

[Na 82] Nagl, M.:
Einführung in die Programmiersprache Ada. Vieweg Verlag, Braunschweig 1982

[Sch 81] Schneider, H.J.:
Problemorientierte Programmiersprachen. Teubner Verlag, Stuttgart 1981

[Wi 78] Wirth, N.:
Systematischen Programmieren. Teubner Verlag, Stuttgart 1978

Anhang H: Alphabetisches Sachverzeichnis

Leitfäden der angewandten Informatik

Bauknecht / Zehnder: **Grundzüge der Datenverarbeitung**
Methoden und Konzepte für die Anwendungen
2. Aufl. 344 Seiten. Kart. DM 28,80

Beth / Heß / Wirl: **Kryptographie**
205 Seiten. Kart. DM 24,80

Gorny/Viereck: **Interaktive grafische Datenverarbeitung**
256 Seiten. Geb. DM 52,–

Hofmann: **Betriebssysteme: Grundkonzepte und Modellvorstellungen**
253 Seiten. Kart. DM 34,–

Hultzsch: **Prozeßdatenverarbeitung**
216 Seiten. Kart. DM 22,80

Kästner: **Architektur und Organisation digitaler Rechenanlagen**
224 Seiten. Kart. DM 23,80

Mresse: **Information Retrieval – Eine Einführung**
280 Seiten. Kart. DM 36,–

Müller: **Entscheidungsunterstützende Endbenutzersysteme**
253 Seiten. Kart. DM 26,80

Mußtopf / Winter: **Mikroprozessor-Systeme**
Trends in Hardware und Software
302 Seiten. Kart. DM 29,80

Retti et al.: **Artificial Intelligence – Eine Einführung**
X, 214 Seiten. Kart. DM 32,–

Schicker: **Datenübertragung und Rechnernetze**
222 Seiten. Kart. DM 25,80

Schmidt et al.: **Digitalschaltungen mit Mikroprozessoren**
2. Aufl. 208 Seiten. Kart. DM 23,80

Schmidt et al.: **Mikroprogrammierbare Schnittstellen**
223 Seiten. Kart. DM 32,–

Schneider: **Problemorientierte Programmiersprachen**
226 Seiten. Kart. DM 23,80

Singer: **Programmieren in der Praxis**
2. Aufl. 176 Seiten. Kart. DM 24,–

Specht: **APL-Praxis**
192 Seiten. Kart. DM 22,80

Vetter: **Aufbau betrieblicher Informationssysteme**
300 Seiten. Kart. DM 29,80

Weck: **Datensicherheit**
326 Seiten. Geb. DM 42,–

Wingert: **Medizinische Informatik**
272 Seiten. Kart. DM 23,80

Wißkirchen et al.: **Informationstechnik und Bürosysteme**
255 Seiten. Kart. DM 26,80

Preisänderungen vorbehalten

 B. G. Teubner Stuttgart